Loving Your Inner Child

爱上不完美
内在小孩

洪仲清 / 著

华夏出版社
HUAXIA PUBLISHING HOUSE

一部贴近生活的正向心理学手札

恭喜洪仲清心理咨询师继《让孩子有好人缘——人际力养成法》之后又完成了新作。洪老师积十余年的临床经验，致力于婴幼儿心理发展及儿童心理疾病的治疗工作，既用心又有爱心，治疗富有成效，进而开始著书立说。除了在"脸书"等平台上进行亲子互动，情绪管理及婴幼儿、儿童早期治疗实务的分享外，他在百忙中仍不忘记下平日生活中满满的感想与心得，信手拈来，句句珠玑，所有文字都是他通过与人互动而产生的人生领悟及个人成长经验。

有一句名言这么说，心理学就是生活。洪老师有家人有朋友，与年幼案主及其家长每日都在互动，他观察自己、观察别人，只要是人的言行，都能启发他的思考，引发其感受。他在书中谈到"了解、看清自己""人要先平静才能快乐""关系的经营与随缘哲学""情绪与理性""家庭关系，尤其亲子关系""改变的准备、历程与成效"，最后达到"跟自己和解，迈向自我成长"。他看到的、听到的都是出现在你我生活中的事，他所举的例子也是我们常看到的现象，甚至还曾发生在我们身上。

针对每一主题，洪老师都以中性的字眼及温暖的笔调，指出人们的问题对个人及他人的影响，以及什么才是合宜的反应及处理之道。他强调情绪管理及理性的运作，其见解不论是用于友情、爱情还是亲情中，都可以让个人更成熟、生活更顺畅、人生更有幸福感。尤其"生气的预防重于治疗"的见解，鼓励人们少发脾气、常做运动，或进行舒缓身心的活动，以及平常多留给自己空白的时间等，预防胜于治疗，是应对生气最好的策略；还有"最好的安慰是一种疗愈"，点出需尊重被安慰者希望被陪伴的心理。洪老师的独特见解实用而贴切。

1998 年，美国心理学会会长塞利格曼大力提倡"正向心理学"，重视个人的正向经验、情绪或特质对人们生活的价值与意义。他认为正向的人生观不仅带来一种好的感觉，也为日后个人的成功奠定了重要的基础，包括婚姻关系、同侪关系、家庭关系和工作表现。

这是一本生活心理学作品，与正向心理学的内容不谋而合。作者阐述了个人在面对自己及身处的关系中，如何培养正向个人特质，并建立寻找生命意义的信念。个人生活经验也是正向个人特质之一，人从错误中学习，把焦虑放对位置，不断地修正个人生活经验，这样才能使自己的心理更健康，人生过得更快乐。

另外值得一提的是作者的教育理念，他告诉我们，要教导孩子，大人必须以身作则，家长的心教、言教、身教同等重要。

他不断地提醒家长们，为人父母，"不是牺牲，而是选择""别让爱变成害""放手也放心""让孩子过自己的人生"。书中处处呈现出洪老师指导亲子互动的精华片段。

这本手札式的心理学／人生哲学著作，主题清楚，章节分明，简洁有力，每节均为内容短小的段落，文字轻松，含义却引人深思，敲击人心，每一个小议题都能联结到你我的生活经验。现代人生活繁忙，阅读的时间也越来越少，本书正好适合忙碌的你我，一书在手，有空就打开来阅读，可长可短，句句忠言，不但发人深省，也可应用于现实生活中，使人受益匪浅。

本人强烈推荐这本年度好书，让我们大家一起来阅读！

林蕙瑛

东吴大学心理系客座副教授
资深性教育师／婚姻与家庭咨询师
性别、婚姻、家庭专栏作家

让"理"与"情"和平对话

我的工作让我有机会见到许多人，其中有一大部分是属于"快乐不可遇也不可求"的人。当我问他们，他们想要得到什么样的改变时，他们往往回答我："我要快乐，我想要和大部分人一样可以快乐！"

我进一步地了解，他们想要的快乐是什么意思？对他们而言，什么是"快乐"？

然而，当他们说出想要的快乐时，我听到的是，其实他们要的不是快乐，而是平静；使那种繁杂混乱的思绪与情绪可以平息，可以不再上下起伏地感受到愤恨与沮丧而痛不欲生。

但我们的社会往往会简化人的生命经验，仿佛只有"快乐"是唯一一种值得体验的感受；只有"快乐情绪"是人类唯一合法与合理的情绪。

如此简化人的生命经验，反映出社会对于人类心智的运作了解过于浅薄，对情绪的功能与机制也一无所知。

所以当我有机会看到洪仲清心理咨询师的新书时，欣赏之情便油然而生。洪老师凭借丰厚的心理学功底与丰富的专业助人经验，对人之所以产生受苦情绪、难以调适情绪和面临生活中的困境，做了充分的说明，并给予实际的因应方针。

他非常系统地从个人生命的建造（自我的稳定）开始谈起，特别着重于认识自己，与自己的生命接触，爱上自己不完美的内在小孩。

接着他谈到了情绪的关照。我特别欣赏这部分章节的内容。我们的社会对于情绪的观念很狭隘，总是将情绪体验局限在某一向度，若是体验到所谓的负向情绪，就加以纠正、责备、挞伐、规劝，以一种几乎是不人道的方式要人拼了命地积极乐观。然而，人生并非如此，在生命的安排中，有时候我们需要沉淀、需要停止、需要整顿，这些都需要通过不批判的态度来体会情绪，并温和地允许情绪有一个空间被承接、被认识、被转化。

洪老师还谈及人际关系、存在方式等课题，并以此推及个人与世界的接触与联系，最后再回到自己的生命，真实地成为自己，真实地与自己和好、整合。

在许多文字叙述中，我看见洪老师不断地在人的理智与情感之间进行对话。当你阅读这本书时，就仿佛有一位心理师或是生命教练，正耐心地、温厚地、充满关爱地，对你说着那些理性与感性之间的冲突与对立是如何消弭、化解、统合一致的。

如果你用心感受，用心理解，那么相信你在阅读时，会渐渐地从认识自己出发，并且在无形中让你的理性与感性获得一把珍贵的钥匙，最终把两者的隔离之门打开，让你的理性与感性都成为你的一部分，让你真实地成为自己，与自己的各个部分联结、和好。

我自己也是长期阅读洪老师网络文章的读者，非常令人钦佩的是他那积极的态度；那份态度源自他热爱生命、体恤生命的博爱，更源于他有一份使命，希望这世界上的孩子都能得到适切的关爱与抚育。他总是真诚地响应读者的疑问或回馈，我想，若不是真实地从这样的分享与付出中找到意义，其实是很难持续的。

我幸运地先阅读了此书，并真心地推荐给你。你会在书中的文字里看见自己，也会在书的引导下看见生命成长的方向。洪老师全然地将自己的专业所学与经验分享出来，这本书因此而厚实。祝福你在此书中看见你寻找已久的生命宝藏。

苏绚慧

心理咨询师

心灵疗愈书籍作家

学着做自己的好朋友

我们听到好笑的笑话，或许会露出微笑；无意中转台到综艺节目，也可能被其中的插科打诨感染得内心一阵热闹。可是，这难以改变跟随我们十几年或几十年的个性所形成的情绪基调。

与之类似的是，常抱怨的人会偶尔说出社交性的鼓励用语。心情常在谷底低荡的人也有一时半刻放松开怀，但没多久又回归常态。外在的刺激，会有一时的牵引作用，但长年养成的种种习惯，却最终构成了我们的个性。

个性，或者说性格，源自家庭养成，不管是通过遗传还是教养。而家庭中的重要角色对话，便内化为我们成年后的自我对话。换言之，家庭中常见的"爸爸""妈妈"形象，可以全然虚拟地在我们内心运作，而不见得跟真实存在的父母画上等号。

例如，爸爸常在孩子成长过程中缺席，那么孩子自然而然地，会通过他人的口述、跟爸爸短暂互动的经验、从电视剧或课本里得到的对爸爸的理解等，捏塑出一个爸爸的形象。这个动态的爸爸形象，对孩子能产生重大的影响力，可能是正面的，也可能是负面的。

妈妈的意象亦然，也常可能跟祖母的形象重叠。通过我们的感知能力增长，对家庭的历史有了更多的了解，我们常会微调"重要他人"在我们心里的样子，并决定这个形象对我们的影响力大小。

那么，一个孩子从小感受到被爱、被关心、被尊重、被肯定，就容易形成良好正面的"重要他人"意象。然后，在自己面对困难的时候，给自己加油打气，自给自足地给自己前进的动力，并且珍惜自己的生命。

不过，人会犯错，父母也会犯错，我们自己在成长过程中，也会走岔走偏。不是每个人都能对自己说出温暖、关怀的话语，常常让自己倒下的，正是自己对自己不断重复的挫败性的话语。

我们不见得为人父母，但我们都曾经是小孩。即使长大了，那个内在小孩依然隐身在深埋的记忆里，也可能在我们的意识外，持续伸出幕后的那双手，操控着我们的一举一动。

于是，当我们思索着启动自我修复的过程，就常要在现实与心理层面都下足功夫。其中，心理层面的重要性更高，因为那是我们每时每刻都携带的随身听，独处就能听见，并且在有意识与无意识下，都在指引着我们如何生活。

古人所提及的修身养性，是不能忘记的功课。然而，在充满各种刺激与物质主义盛行的现代，我们常把注意力外放，而非向内整理。因此，我们可能过着不知道从哪里来，又不知道要往哪里去的日子，载浮载沉在当代社会氛围所形成的浪潮里。

当我们意图循着过去的足迹，听清楚内在的声音，经常要经历各种情绪翻腾。那种纷乱思绪，常是令人望之却步的主因。不过，唯有经年累月的自省，方能重新赢回把握当下的自主权。

从家庭出发，学着跟自我挫败的耳语相处，体验负面情绪的索讨，才能够让它们淡化疏离。然后，未来的路，才能如同拨云见日，日渐明朗。

于是，从过去脱胎重生的"意义"，成了向前每一个步伐的动力。不管天气如何多变，就算狂风暴雨，有了意义，我们就掌握了方向，知道为了什么而承受。

有了意义，虽难不苦；没了意义，虽快乐，也难免寂寞空虚。

爱上自己不完美的内在小孩，需要进行自我修行。我以家庭为例子，刻画出认知、情绪、行为之间的关系，期待更清楚地认识自己，让自我的片段统合在一起。

我感念陪着我一起度过困境的许多家庭，也接受老师、家长、孩子以及各种朋友的教导。吸纳了他们的生命智慧，便出书成辑以相互滋养来回馈。

感谢出版社给我这个机会，也感谢愿意推荐这本书的诸位前辈，他们都是我的学习对象，也是我前行的指引。跟自己和好，也不忘感恩，感恩家人、朋友的包容，我才有时间、能力，为社会贡献些微力量。

祝福各位朋友，情绪宁静，家庭温暖，人际和谐。学着做自己的好朋友，好处多多，当下就行动，别让机会溜走。

洪仲清

目 录

第一章
认识自己是一辈子的功课
当我们在惧怕里自在了，就能重新看清自己

第二章
人生要追求的不是快乐而是平静

让情绪来去不生波

第三章
两个人有两个人的美好　一个人有一个人的自在

顺随缘分，在转念之间成就最美善的关系

第四章
"有理"走遍天下

沟通时，让我们比道理，而不是比力气、比情绪

第五章
家庭是一门值得投资的幸福经济学

行程少一点，幸福气氛多一点

第六章
往改变的路上走去

转个弯就能看见更开阔的人生风景

第七章
每个人都是独特的生命

逆境不断，但是我们努力不断

第一章

认识自己
是一辈子的功课

当我们在惧怕里自在了，就能重新看清自己

唯有探索自己的心灵，你的视野才会清晰。向外看的人，心怀梦想；向内看的人，保持清醒。

——荣格

爱人之前，先爱自己

请回过头多爱自己！一个人身上散发出的自信，会自然吸引他人接近。

我们不需要全然了解一个人，才会对他好，或者爱他。这份爱，可能存在于任何关系中，也许是爱情、亲情、友情……

我们爱着他，但不抓紧他；我们关心他，但不盯着他；我们邀请他，但不强迫他；我们祝福他，但不试图拥有他。我们爱一个人，让他轻松自在；他的轻松自在，让我们心情愉快。

如果我们强迫自己要时刻掌握、严密监控对方，那么，等到对方有能力离去，他也不会客气。

因为我们终究无法全然了解另一个人，说不定，连我们自己都不完全了解自己。距离的美感，被焦虑拉近，直升机式地在对方身边盘旋，只会让彼此都喘不过气。

我们会因为越来越不了解对方而感到焦虑，此时请记得，要回过头多爱自己。一个人身上散发出的自信，不需张扬，就会自然吸引他人接近。

追求独一无二的意义

别仅仅为了让人喜欢而改变自己，那终究会迷失自己。

能扮演好"自己"的最佳人选，就是你自己。我们不见得会是第一，但绝对是唯一。

当我们把自我独立出来的那一刻，某种程度上，便逐渐切断了某些束缚。可是别忘了，就算旧的关系形式不再，我们依然要以某种和谐的形式，修复联结，重新开始。

和谐的人我关系，可以让自我更稳固。然而，我们也该同时保有心灵的自由，去追求属于我们自己独一无二的意义。

别仅仅为了让人喜欢而改变自己，那终究会迷失自己。而应该是，随着我们越来越了解自己，开始去改变！

真正的幸福

> 一个人认识了自己，才能追求属于自己的幸福，过自己想过的生活。

从青少年至成人早期，一个人最好在心理上把自我认同的工作告一个段落。

譬如，清楚知道自己的喜好，了解自己的个性、能力，才能对未来给予承诺，全心投入，追求自己的兴趣。

我认识一位有成就的人物，他不喜欢自己的工作，虽然赚了很多钱，也有很高的社会地位，但他总是羡慕别人。他年轻时曾有过梦想，但没有勇气去实现，因为好像不够安稳。所以，他顺着一般的社会价值走，读好学校、找好工作、赚大钱。

只是，社会价值不等于他个人的价值。社会认定的富足，并没带来他个人心理的满足。

因此，他自己不快乐，就把注意力放在家人身上，希望家人顺着他的希望来生活，弥补一些自己人生的失落。结果，原本只是一个人的不快乐，扩大成了全家人的不快乐。

一个人认识了自己，才能追求属于自己的幸福，过自己想过的生活。不认识自己，只是苦了自己，如果又有些影响力，还会连累别人。

认识自己，是人生永远的功课

清楚知道我们的弱势、缺点，就更能发挥我们的优
势、强项。

我们越不想面对的事，可能影响我们越深、越久。

在社会上，隐藏自己的弱势，有时是因为生存必须如此；
但是，对自己不能隐藏，不能想尽办法自我麻痹，纵情在空虚
的享乐里，只有感官刺激而不再保有心灵的宁静，那就要小心。

这世上有许多事，我们都还不知道答案；我们也没办法确
知，未来该怎么办。但是，我们经常一讲起话来，就是简单几
个字：

"我对，你错，把你的嘴巴闭起来！"

我们分享一个感觉，提出一个想法，不是非得把话说得难
听，把自己弄得张牙舞爪，才算捍卫了自己的主权。

我们很多时候想过度确定我们所不确定的事。但是，正反
两面同时看待，才能领略全景。

我们有时把无助、脆弱藏得太好，连自己都找不到。我们
当然可以同时喜欢我们的家庭，但又不喜欢家庭里发生的某些
事。搞清楚我们不喜欢什么，就会更清楚我们该珍惜什么，维
持什么，或是扩大什么。

清楚知道我们的弱势、缺点，就更能发挥我们的优势、强

项。当优势发挥得淋漓尽致时，我们也就不会那么担心自己的弱势在他人面前出现了。

面对自己、接纳自己、肯定自己，永远是一门人生的功课!

犯错是改善的基础

别怕犯错，要学习、尝试，犯错就是改善的基础。

在成长的过程中，我们总是不断尝试，也常在犯错，不管是大人还是孩子。真正成熟的人并非不会犯错，而是能很快地觉察自己的错误，改正、吸取，让人、事、物的演变往好的方向前进。

我们要学习容许他人犯错，容许自己犯错。要求一个人面对自己的错误并不容易，不过，这是让我们精益求精的起点。

以育儿教养为例，对孩子说错话、做错事，那是难免的。重点是，觉察到自己的行为效果不如预期，此时就该先停下脚步，别再继续重复伤害。

不知道该怎么做时，先停下来，然后请教他人、看书、听听演讲、收看亲子类节目……常记录与反省，或直接和孩子讨论，要找出比目前更适当的做法，毕竟现代相对于以前有更多学习的渠道。

别怕犯错，要学习、尝试，犯错就是改善的基础。我们需要担心的是，自己不敢面对自己的错误，又不许他人或自己的孩子犯错。

从"觉察"到身心灵平衡

重新接触自己、看清方向、大步前进。

我们在每日的生活中追求个人成长，也希望进一步达到心境上的宁静。若我们以身、心、灵三方面来看人的构成，那么，最自在的状态，就是三者间达到了平衡。

我们个人，又须与外在的种种限制达到平衡。

平衡的先决条件就是自我"觉察"的提升。通过"觉察"，我们才可能观察到自然运行的规律。

唯有随着规律来行动，我们的行为举止才能切合节拍。偶然失衡，我们可能焦虑、恐惧，然后作息不定、抓不住忙冲乱撞的情绪、找不到坚定的信仰……我们路经陡坡、跌落山谷，就以为再也上不了高峰了。

将观照的时间长度再延展，以整个人生来看，在一段平衡之后产生失衡，是一种规律，是一种在本质上改变的开始。就像山峦迭起，有高就有低。别被吓唬住了，可以暂时闲散漫步，调整节奏，但别却步，别停止觉察与寻找规律。

当我们尝试在焦虑、惧怕里寻找自在，其实正是要开始重新接触自己之时，那便是个人成长的契机。不断给予自己支持与鼓励，眼前就能绽放光明。

表达感受是一种好习惯

表达是一种宣泄的方式，表达得越清楚，越能控制好自己的情绪。

表达自己的感受并不容易，这个过程中可能因此受到二次伤害，例如自己的感受被否定或嘲笑。

可是，**能表达自己的感受，对方才会更清楚地知道，该怎么配合你、帮助你，你才能争取到自己想要的生活**。对方有没有意愿配合是一回事，但如果我们没有清楚地表达自我，对方会摸不着头脑。

表达自己的感受，是习惯成自然的事。若因为表达自己的感受，而没有得到预期的对待，那么以后也会懂得该怎么应付。

表达是一种宣泄的方式，表达得越清楚，越能控制好自己的情绪。

对人际关系具有破坏性的表达，常常是不表达则已，一表达就会"惊天动地"，吓坏众人。

不如，平常多多学习表达，让自己习惯面对自己的脆弱，慢慢坚强起来。

莫忘初衷

追求，首重自己的内在意义。不把初衷忘记，才能安然享受人生。

成人间的关系，常因利聚散，相对浅薄与无情。

对我来说，表面上是好姐妹、称兄道弟的朋友，私底下却相互攻讦的现象，看了许多，但我偶尔还是会不太习惯与适应。我曾经遇过一个状况，某人正留言对我说着好话的同时，又开了另一个实时通讯窗口，跟我的另一位朋友抱怨我的不是。幸好，这位朋友够义气，一五一十告知，我才知道此人的可怕。不过，对人性认识越深，就越知道这是我少见多怪。

其实，为了蝇头小利而聚首的人际关系，本身就相对脆弱，上一刻浓情蜜意，下一刻就拼个你死我活，什么难听话都说得出来。在社会上绕过一圈的人，当知这不是为了堆砌文字而虚构的假象。

涉入这样的关系，也许有些好处，但却牺牲了内在的宁静。既要争取利益，又不得不随时武装防备，把自己弄得疲惫不堪，充满焦虑，惶惶不可终日。

我喜欢观察人与人之间的各种互动，包含孩子、配偶、朋友、上司与员工。我也常提醒身边的人，多说某些话，会让他人多点开心；少说某些话，以免让他人增加误解。

这些知识，我们自己可以选择如何使用；但就算不用，也可以多一些对世事的了然，解除困惑。

我崇尚简朴少欲，尽可能不说他人坏话，这不是当代的显学，所以少了许多喝咖啡、聊是非的机会。我了解我损失了什么，但我也换到了我想要的状态，这就够了。

回过头来，在人际关系上没那么圆滑的人，虽说在现代人际互动频繁的社会显得有些疏离，但他们也因此多了一些留给自己的空间。只要能做到维持生存的基本互动，我觉得我们也应该尊重他们的选择。

淡如水的君子之交，曾几何时，可能被换上"孤僻"两个字来重新定义。木讷憨厚的人，被当成好欺负的对象。争名夺利的人，拼了命得到了，固然会沾沾自喜，下一刻又因唯恐失去而惴惴不安。这一来一往，损耗了内在的平衡。

追求，首先要注重自己的内在意义。或者名利相伴，或者孤独自给，那都是个人境遇，别把初衷忘记。只要活得下去，名利如同浮云，心定神闲，才能安然享受人生。

自己的角色

　　想要与需要之间，自我实现与他人期待之间，若能达到平衡，就会活得自在。

　　有时候，不是我们选择扮演什么角色，而是当时的状况最需要什么角色的出现，才能使内外境和谐。想要与需要之间，自我实现与他人期待之间，若能达到平衡，就会活得自在。

　　需要在关系中界定自己，却又总是找不到自己可以在环境中演出的角色，那种长期的焦虑，容易导致空虚。

　　当我们独身一人，或者为人夫、人妻，或者为人父母，自己的个性都不会在短期内有大幅的转变。清楚自己原本的模样，那是基本点。

　　一方面是我们期待怎么扮演，另一方面是他人希望我们怎么扮演。这两者要同存心中，过于执着一方则有匮。要扮演好自己，本不容易，再想扮演好他人心中的角色，那更是不见得成功，我们对此要有心理准备。

　　长期来说，内外境会相互牵引着变动，这就需要人顺势而为，自然而然，顽强抵抗是给自己找麻烦。

向内寻求答案

要有好的自我概念，必须努力地自我探索，时时内省，踏实追求。

当我们有坚强的自我概念，清楚知道我们自己的特质、喜好和能力时，外人的批评或是赞美，就不会那么容易影响我们了。

要有好的自我概念，必须努力地自我探索，时时内省，踏实追求。一如我们在遇到人生的难题时，要记得常向内找答案，而非不断向外追求，忘了自己。

要把自我建设好，必须先在心理上遭遇危机，那可能是选科系、找工作，或是决定相守一生的伴侣。我们花了大量的时间与力气，模拟出许多可能，去探索我们内在的种种，并时时询问自己，最终我们确立了自己的选择，并对此承诺。

如此反复淬炼的过程，让我们更多地认识了自己。这过程，永远是现在进行式，到生命的终点才会完结。

有人家境优渥、人生顺遂，从来少有困顿与磨难。有人依循着他人的规划，只会服从，很难发展自我。有人常以社会价值为自我价值，习惯囫囵吞下大多数人的想法，虽然不用为自己负太多责任，但离自我也越来越远……

有心理学家说，清楚自我，才能谈"忠诚"——愿意为自己的选择付出、投入、坚持，虽处于困境，也甘之如饴。

尽管如此，也并不表示人生从此事事顺心。不如意事十之八九，但求无悔，无愧我心，就很不容易了。

负面情绪的漩涡

　　救赎自己的方式，是开始学着肯定自己；然后，进一步肯定他人。

　　有一种人，是这样的：从小被否定、挑剔，因此，长大后也学习了这样的模式，在跟人互动的时候，常自动化地注意、放大他人的缺点与错误，似乎即使自己有错误，也不算什么。

　　这是一种让自己获得相对安全感与自信的方式，只是，会很累、很辛苦、很不快乐……如此得来的安全感与自信，常很短暂，所以会随时酝酿下一波对他人的攻击，想借此去除不断在自己身边徘徊的不安全感。

　　如果我们从小被这样对待，就会自然而然地这样对待他人，常搞得人际关系乌烟瘴气，自己的内心难以平静。救赎自己的方式，是开始学着肯定自己，一点一滴修复儿时就该打好的地基。然后，进一步肯定他人，欣赏、学习他人的长处，让自己进一步成长。

　　让我们带着身边的挚爱亲友，一起跳出负面情绪的漩涡！

安于平凡

安于平凡，让因缘牵引着我们，到我们该走的路上。

如果我们实在不知道该往哪里走，那就先把眼前的每一步走好。把自己照顾好，怎么说都算是个实在的目标。认真工作或学习，保持身体健康，每周做一件让自己幸福快乐的事，跟家人聊聊天，读一本好书，或者出去走走、踏踏青。

不是每个人都想活得轰轰烈烈，不是每个人都能清楚地知道并完成自己的梦想，不是每个人都能出国度假，不是每个人都能好友成群，就算平淡地过也不赖，至少身心平安，这就是平凡。

安于平凡，让因缘牵引着我们，到我们该走的路上。

或许是机缘巧合，或许是有更强大的力量在背后安排，每一个事件或几个条件的聚合，都有可能引领我们往不同的方向走去。

踏踏实实走过一段路后我们回头看，才会恍然大悟：原来，我们早就走出了一条属于自己的独特道路。嗯……其实，这样也不错！

生命的原型

找到形塑自己的影响力后，我们也必须将它传承下去，让下一代也受惠。

我们这辈子都要想着，父母曾经给我们什么好的影响，我们得弄清楚，因为它是我们人格构成的原型与根基。

找到形塑自己的影响力后，我们也必须将它传承下去，让下一代也受惠。

尤其当年轻时的追求逐渐沉淀稳定，成了家、立了业，人生至此看来就大致成形，等待终老。许多人开始进入另一阶段，开始深沉的内省，骚动的情绪再次出现。

年轻时的梦想，可能眼见无法达成，或者已经完成的梦想，没带来预期的满足感。又或许，子女的离家，带来失落的空巢期。亲人的逝世、挚友的离去，让我们看待世界时多了未曾准备好的些许哀伤。生命故事的断裂，带来不安与焦虑，以及对临终越来越明显的恐惧。

我们出生就注定变老，可能渐渐不再是崇尚年轻的社会主要关注的对象。我们离生命的终点越来越近，如果我们接纳与看清，那么，自会产生一股传承的动力。

这时的我们，更能体会父母当时的处境，为了求生、护幼所产生的行动与言语。理解带来谅解，于是，我们跌过的跤、受过的伤，以及曾受过的爱护与关怀，都转化为利他的果实，跟年轻朋友还有自己的子弟们分享。

　　薪尽火传，生命借此代代不绝。我们也重新建立了认同感，去面对焦虑与恐惧，展现生命的活力。

坦承无力，也是种成就

清楚掌握自己的无知与无力，是迈向自觉的重要步伐。

坦承自己对某些现象的无知，了解自己对某些事件的无能为力，也是种成就。无知与无力，并不可耻，这是必然也自然的现象。

清楚掌握自己的无知与无力，是迈向自觉的重要步伐。

相反地，相信自己具有全知全能的禀赋，有时是不敢面对自身脆弱的扭曲防卫。即便是心理大师，越到近代，也越能理解主观感受的重要性。

当环境的选择越多元，信息越多样，想要控制一切的人，可能就越紧张、越急切。渴望完美，始于儿时的天性与教养，幻化为成人时期的行事法则。犯错不被容许，无力不该承认，软弱就是可耻……

但是，我们都清楚，人在本质上就预设着会犯错、会无力、会软弱……这种种，我们自己试图要排除在意识之外，那就是让一部分的自己涂上黑影，想让自己眼不见为净。

就连难过的权利，都不留给自己。

当我们放下过度控制的欲望，让无知与无力浮现，我们才能接受"不够好"的生活与自己。很多事的发生难以预计，我们身体的衰老与崩坏没有例外，很多时候，"不够好"也好。

硬要多得什么，常会失去什么，这道理我们都知道。

放弃自己擅长的优势，却投入大量时间在自己难以扭转的弱势上，那不但牺牲了自我实现的机会，更失去了自己，让自己活在一个"只要我努力，什么都做得到"的励志假象里。

缺角的圆，得靠自己补齐

成熟的爱，是非占有的爱。而非占有的爱，奠基在健全的自我上。

我们要记得，我们在另一个人身上所投射的意象，常常不是对方本身。

譬如，人类会对其他生物，甚至是非生物，开展程度不等的互动，进而产生情感。这情感，很大一部分由自己产生，希望通过对话与互动，重新面对自己的需求与困扰。

所以，当我们在关系中留下越多过去未解的情感，我们越看不清对方。真正看到的，常是不知如何是好的自己。

先多认识一点自己，才能多认识一点别人。多爱一点自己，才能让对方感觉被爱的轻松。

成熟的爱，是非占有的爱。而非占有的爱，则奠基在健全的自我上。缺了一角的圆，要想办法自己补齐。

了解，才能有真正的接纳

> 了解自己越多，就越能在情绪与灵性层面上"接纳自己"。

要接纳自己之前，我认为要先"理解自己"。

有了深度的自我觉察，能让自己更深入地了解自己的生理状态、成长背景、社会环境，乃至于文化历史氛围，是如何形塑出当前的自己的。了解自己越多，就越能在情绪与灵性层面上"接纳自己"。

苏格拉底相当重视"认识自己"，要能影响他人，得先能影响自己。他的方法是不断提问，追逼到深处，然后发现人对自己其实一无所知。自知无知，那也是智慧了。

有时候，真的不知道自己要什么、是什么，有些茫然无助，那是接近了苏格拉底提到的状态。不如，我们逆向思考，先从确定自己不喜欢什么、不想成为什么开始。在能生存的前提下，逐渐删去多余的东西，再多一点尝试和努力，答案自然随时间浮现！

有意义的生活

意义使人能忍受许多事，可能包括每一件事。

要过有意义的生活，得在内心设定一个追寻的目标，建设自己，而不是把自己的生活捆绑在他人身上或物质上。

有意义的生活，不见得比较快乐，但会平静些。

消费文化常让人压力来来去去，享乐主义则让人心情起起伏伏。时代风尚经常动荡，一味追随潮流，找不着属于自己的意义，那样的挫折让人空虚。

意义或许属于自己独有，但是关怀可以扩及他人。个人意义，可以是创造、守护个人理想，挖掘、表现自己的潜能……通过这些，我们跟人建立有意义的关系。

最让人不舒服的状态，不是苦难与忧伤，而是一切都无所谓，那是一种失去意义的状态。

如果我们沉溺于某些问题：人的生命终将逝去，那为什么我们还得每天为生活努力？为什么要去爱另一个人，承担失去、伤心的风险？为什么要不断面对自己不想面对的事？

于是，结论是什么事都无所谓，我们也逐渐变得冷漠。那种冷漠几近绝望，有时以不断追求肤浅的感官刺激来表现，只有短暂的当下片刻，而不知道未来。

荣格大师说："意义使人能忍受许多事，可能包括每一件事。"这是重新找回存在重心的良方。

自省的力量

懂得反省，才有不断迈向自在圆融的动力。

被他人需要，是一种很美妙的感受。它让我们对自己多一些肯定，感觉自己有价值，缓解自我否定的痛苦。

不过，一个心理健康的人，会否定自己，懂得反省，才有不断迈向自在圆融的动力。习惯了自我质疑的焦虑，其实也没那么可怕。

可是，**如果我们没有把自我肯定的力量，从全然依赖他人，逐渐转而由自己供给的话，我们就会对他人的独立感到害怕，甚至试图鼓励对方放弃自主，我们紧抓着对方，不想，也不愿放手。**

于是，双方都被捆绑着，困在一个令人不满的关系里，又无力改善。

在心理治疗领域，当我们想要扶持一个人，使他产生独立思考的能力，那么，当此能力逐渐苗壮的时候，他开始懂得反驳、提出不同观点。对我们来说，这不见得全然是种舒服的经验，却是帮助他的很重要的过程。我们不忘维护自己的立场，但又同时鼓励他发展持续挑战我们的能力，这是非常成熟圆融的状态，是我一生向往的目标。

只有从认识自己开始，学习自我肯定，了解自我否定或自省的必然，才能从僵局中逃脱，才能给出让双方都感受温暖的爱。

双方以成熟的自我为基础，在自己能力范围内，做对双方都好的事，如此便能轻松地爱着。

最有力量的自我表达

最有力量的自我表达，是基于对自己深厚的认识，勇于面对自己的现状。

肯定自己，是要下功夫的，是要累积、等待成熟的。

认清自己的现状，确立未来的大方向，剩下的，就是一步一步往前走。虽然难关依旧，也知道挫折难免，但心里踏实，自然不会惊慌失措。

越快厘清现状，越快找到基点站起来，面对挑战。着眼现在，把过去、未来摆在心里，但不阻碍往前的路。

最有力量的自我表达方式，不是握拳咆哮，而是基于对自己深厚的认识，勇于面对自己的现状，然后，洒脱地抱着"别人肯定，很感恩；别人不肯定，也没关系"的态度。

只要不干扰到别人，我的个性，我自己肯定就够了！

孤独不是一件坏事

　　许多对人类有深远贡献的发明、哲思，常来自孤独中的酝酿。

　　"孤独"不是一件坏事，喜欢孤独常被这个社会讲成"孤僻"。好像没那么喜欢社交，就很奇怪。好像这样的人，就该躲在角落，默默哭泣，旁边还要围绕着一圈黑影。

　　喜欢安静、独处，以及喜欢热闹，可以同时存在。在社会中有人爱热闹，就有人爱孤独。

　　有时候，有些人需要比较多的时间，才能渐渐融入人群，请给他们空间。有些人非常需要和外界有些关联，但是这份需求，可以从其他事物身上得到满足，或是宠物，或是书籍、音乐、照片及个人所有的物品等。

　　或者，有些人只喜欢远远地看着人们的活动，而不想置身其中，那也没什么不对。喧闹、议论是非，不见得是每个人的生活风格。在孤独中，可以烘焙出真实的自我；在孤独中，会将那些慢慢浮现出来的不必要的事卸下，而让自己将来行走得更自在。

　　别忘了，许多对人类有深远贡献的发明、哲思，常来自孤独中的酝酿。

看清"需要"，调整"想要"

看清自己的"需要"，调整我们的"想要"，才有处理失落的先决条件。

从"需要"到"想要"，要走上一段路。

早期的社会，"需要"跟"想要"之间的距离很近，因为选择不多，我们更能看清楚"需要"的本质。现代商业社会，各种产品的广告强力播送，从"需要"到"想要"，就会走上一段复杂、遥远的路，常让我们迷途忘返。

譬如，填饱肚子、健康饮食，是种"需要"，但是用什么方式满足需要，就成了花样百出的"想要"。

家常菜、自助餐、小店美食、商业快餐、夜市人气路边摊、高档西餐料理等等，都是"想要"。特别是在以商业价值观为主的经济环境里，人们喜欢将欲望用大火翻炒。

以吃自助餐来说，我们过度放大自己的需要，可能吃下过量的食物，胃部就会有些难受，过多的脂肪与胆固醇，又回过头来伤害我们的健康。

我们以为我们真心需要，事实上只是我们想要。"想要"遮蔽了"需要"，导致我们以为"失落"变成了"匮乏"。

于是，看清自己的"需要"，调整我们的"想要"，才有处理失落的先决条件。然后，对自己说些正面的话语，学着陪自己渡过难关，才能再体会"转念见月明"的境界。

一个人在失落时，能对自己说出正面的话语，父母或长辈的言传、身教很重要，有良好的榜样会是很大的助力。一个人懂得安慰自己，便能懂得体贴别人。

　　从"需要"到"想要"，这一段路，如果能有适合的人陪伴，许多道理就能慢慢从中体会。

听，身体在说话

注意自己的身体讯息，里头可能藏着你没意识到的情绪。

我常常从肢体语言与表情来判断一个人的情绪。我也很注意自己的身体讯息，因为里面可能藏着我没意识到的情绪。

当我们习惯了一成不变的日子，习惯快速转换的步调，尤其容易忽略自己的身体正尝试告诉我们的事。匆匆忙忙之间，我们所经历的事，已经对我们深层的心理与生理造成了影响，而我们来不及反应，甚至毫无察觉。

譬如，头痛、常感觉睡眠时间充足但睡得不够，没多留心也就过去了。事实上，有些轻度的抑郁症患者，刚开始是因为身体症状看医生，而被诊断有心理疾病。体重起起落落，除了天生体质的原因，未觉察到的压力也要注意。

那么，我们只能放慢自己的步调。

我喜欢在身体有负面感觉的时候，调整到转速二分之一的生活节奏，去掉想要但不需要的事。有时候，我会慢慢察觉，是什么因素造成了我的疲倦。有时候，我也不见得能清楚察觉到什么，但是慢生活本身就有疗愈力量。回到身体原本的步调，让我能自然而然地充足电，再重新追求属于我的意义。

听，你的身体，正在说话，别再轻易忽略它。

第二章

人生要追求的
不是快乐而是平静

让情绪来去不生波

我们对于情绪的理解愈多，就愈能控制情绪，心灵所感受的情绪痛苦也愈少。

——荷兰哲学家　斯宾诺莎

善用心像的正面力量

　　善用心像的力量，让自己、也让他人能感受情绪带来的正面能量。

　　一次，一个孩子在画画，我在旁边陪着。

　　"哇！太阳公公好开心。""云宝宝笑眯眯。""老树爷爷很慈祥。""两个人之间有爱心。"……

　　孩子用蜡笔画着图，我则在一旁用正向温暖的语言，试着形容、描绘，帮助孩子塑造出心里的画面。

　　情绪来的时候，你的脑海中会出现什么样的画面呢？这样的画面称为心像，有时像是白日梦，会影响我们的行为。譬如，电视上许多汽车广告会强调家庭价值，用家庭的形象与画面搭配汽车呈现出来，借此影响我们的购买行为。

　　如果一个人脑海中常有温馨、和乐的画面，情绪自然容易愉悦、稳定；如果一个人常想到被骂、吵架的画面，情绪当然容易嗔恨、起伏。

　　改变人的心像是种调节情绪的技巧，但是要在良好的关系上实施，效用才大。

　　譬如，我们看到孩子总是笑容满面，让孩子觉得跟我们玩总是很开心，就能自然而然让他们建立好的心像。也可以试着使用语言的力量，说点小故事，让对方在内心储存一些美好画面，来应付或缓冲生活的挑战或挫折。

平静是一种可以选择的情绪

试着让他人平静一点，然后他人的平静又让我们更平
静一些。

平静或冷静，也是一种情绪，很接近人们所说的"平
常心"。

它是在接受与了解负面情绪的存在后，选择以平和的方式
面对。

无视或忽略负面情绪的存在不是冷静，而是"压抑"。情绪
不会自然消失，就算我们选择无视或忽略，它还是会在不知不
觉的情况下影响我们。

**若我们常因他人生气而生气，则我们要提醒自己，这是
自然的人类身心反应，但不代表我们就得被这种反射性的情绪
控制。**

让我们进入一个良性的循环，试着让他人平静一点，然后
他人的平静又让我们更平静一些。

面对负面情绪如此，面对正面情绪亦然。无悲亦无喜，不
落入两个极端，情绪才能平稳，冷静才会常在。

给予情绪缓冲的空间

> 处理情绪的能力，每个人都不同，接受这个事实，才能用适合的方式与他人或自己互动。

所谓"退化"，从我的经验来看，就是原本能展现的能力，后来变弱或消失了，回到相对不成熟的状态。退化的层面，包含了语言、认知、社会情绪、动作、生活自理能力，等等。

一个人受到极大压力时，会使用最熟悉的方式来表现自己，这样的情况，跟退化有关。当个人的能力尚未稳定，又无法应付目前的困境，就会用过去重复多次的行为模式来面对，这可以理解。

譬如，一个孩子面对弟弟妹妹出生，行为上可能会开始显得较幼稚，想躺婴儿床、想喝奶，或者一直希望妈妈给他爱的保证。

又譬如，一个人在感情上受到伤害，会变得开始不太想社交，也不太想讲话，只想做重复的事，简单过每天的生活。

处理情绪的能力，每个人都不同，接受这个事实，才能用适合的方式与他人或自己互动。

我们都期待，我们自己或者我们要帮助的人，能够很快培养出好的情绪控制能力。但是，这通常需要日积月累的努力，才能有一点点的提升。

退化是种自我保护现象，我们必须学会耐心面对，给予足够的安全感，或者时间、空间，时间久了，能量充满了，就会自然改善。

跟自己和解

夜阑人静时，想想今天自己有什么地方对不起别人、对不起自己，然后真诚地道歉。

夜阑人静时，如果您发现自己白天累积的怒气未消，可以试试这样的思考方式：想想跟生气有关的这件事，您有什么地方对不起别人、对不起自己，然后真诚地道歉。在心里也好，对着空气轻声言语也可以，让情绪顺畅流动，别阻拦它。

重点不是原谅别人，重点在跟自己和解。

前过不灭，后过又生。人一错再错的事太多，连自己都不想放过自己，如何自在？

跟自己全然无关的事，引不起自己的强烈怒气。动了真怒，那必定是触动到自己某部分的体验了。忏悔、道歉，让心柔软，也可以让怒气缓解。

当然，有过能改则改，才是根本关键。

放不下，苦的是自己

> 学习新事物，有新的体验，头脑才会灵活，心情才会愉悦。

有一位老妈妈，花了人生一半以上的时间，抱怨自己的先生。虽然她的孩子长大之后有经济能力，把老妈妈接出来住，跟老爸爸相隔百里，但这老妈妈的抱怨，还是从没停过。

她的孩子形容，妈妈像是"坏掉的录音机"一样，没办法录进新的讯息，只能不断播放那陈年的老调。没人敢让老妈妈知道，她抱怨的对象——自己的先生，几年前就去世了。

一个人心里总是放不下，最终苦的是自己。一个人若要保持年轻快乐，就要学习新事物，有新的体验，头脑才会灵活，心情才会愉悦，才能产生希望。

把情绪的主控权留给自己

只有专注在"过程"，才能不断精进，才能掌握自己
的情绪。

凡事都可以从"过程"与"结果"两个层面来看。事情的
成败，是结果，我们没办法全然掌握，外在环境因素影响很大。

然而，**过程中，我们尽了几分力，花了多少心思，是可以
操之在己的。用结果来评断自己，等于把情绪的主控权留给了
环境。**

只有专注在"过程"，才能不断精进，才能掌握自己的情
绪。人在哪，心就在哪，在过程中成就自己，笑看结果。

错误的乐观主义

了解与接受事实，而非徒有美好的信念，更能帮助我们掌握生活。

我身边的几位朋友，看上去有超级乐观的正向信念。

A君说："我很少生气，也很少难过！"说话的态度颇为得意。事实上，A君不是不会难过，只是不善于表达。

B君说："我不会觉得生气，就算身边没什么朋友，我也可以过得很自在！"事实上，B君曾提过自己社交技巧不好，常交不到朋友，神色怅然。

C君说："我不会在意，当作没事，就不会生气了！"事实上，C君很容易生气，偏偏自己又很少认识到这一点。

他们似乎都错误地内化了"不可以生气"的社会价值观，并且用非常正向的说辞去包装。如果我们的自我察觉不够，会深化这样的倾向，反而造成情绪管理上的困难。

让我们换个方式说。如果我们想着："只要睡一觉起来，明天一定会更好！"用这样的信念生活，解决问题的效果应该很有限。但如果我们这样想："现在确实很糟，但是我们一点一点努力，可能还是有改善的机会！"清楚现状，化为行动，比较有助于突破困境。

了解与接受事实，而非徒有美好的信念，或者放弃把错觉当现实，更能帮助我们掌握生活。有勇气面对现实的乐观，才是真乐观。

不要轻忽微小的负面情绪

放松、沉静，发现情绪背后的事件带给我们的意义。

让我们把负面情绪分级。

一般性的负面情绪，包括难过、生气、害怕等；强度较高的负面情绪，则有忧郁、愤怒、恐惧等。

我想先谈谈轻微的负面情绪，比如烦躁、无聊，或者现代人常有的信息焦虑等。通常不够敏感的人，不太容易察觉轻微的负面情绪。这些轻微的负面情绪，在生活中难免会产生，但大部分的人常会说"不知道"或"没有"。

请别轻忽这些情绪，它可能无意中让你耗费许多时间在根本不重要的事上面，比如玩手机或打电动，让你时间管理不佳；它可能让你吃进更多不必要的东西，增加你体重控制的困难，也提高生病的风险；它也可能让你养成许多坏习惯，比如抽烟、酗酒，让你戒都戒不掉……

从压力源的角度来看，相比重大压力，日常琐事的烦扰更常见。如家庭支出、时间分配、生活环境、办公室政治，等等，累积过多，小事就成大事，烦躁就变抓狂。

平常多跟人聊聊这些看似无聊的小事，或是自己写写日记，能增加对这些轻微负面情绪的觉察能力。觉察它，才能用意识控制它，进行放松，减少它对我们的影响。

如果面对较强烈的负面情绪，可以把时间视野拉长，问问自己："五年后看这件事会有什么不同的感觉？十年、二十年后，又会有什么不同？"

负面情绪，总是把我们拖住，心像常钉在过去的某时某刻，挣脱不了。放松、沉静，站在远方重新审视，会看到不同的样貌，会比较容易放下，也更能发现情绪背后的事件要带给我们的意义。

健康的情绪发泄

健康的人，知道如何表达与宣泄情绪，以维持内在的平衡。

有个孩子，性格很压抑，嘴上常说"不在意"，但他在几次咨询的过程中有了明显的转变。他的情绪表现变得越来越明显，高兴的时候大声笑，生气的时候大声骂，难过的时候流眼泪……

我很欣喜于他这样的转变，可是家长却很忧虑。

这要从现在社会的氛围说起。我感觉，现在的社会并没有那么容易接纳个人的情绪，我在教孩子的时候，常有困难，因为这个社会容许我们表达负面情绪的方式真的很少。适当地表达负面情绪，例如在口头上说"我很生气"，大人也可能会觉得不应该，想要压抑孩子的情绪表达。

用孩子的教养为例，当孩子产生负面情绪时，若常被父母打断或转移，并不利于孩子的自我情绪控制。一个人要经历多次完整的情绪起承转合——从情绪的开始，到顶点，缓和，收尾——才能学会如何掌控情绪。大人的工作，是要去陪伴与支持，尽可能帮孩子营造一个空间来体验情绪，也教导孩子学会控制情绪的方式。

别说孩子，成人自己也该这样做。每次生气就烦，最后常叫自己"算了，不要再想了"，这并不会让情绪自然地退去。现在不给情绪时间，以后它会占据我们更多时间。

一个健康的人，对于情绪会敏感，但又知道如何控制它，知道怎么表达与宣泄，以维持内在的平衡。

把焦虑放到对的位置

让我们正视焦虑，摆脱过去的包袱，以清明的意识，重新看待眼前的人、事、物。

人一焦虑，就会重复说同样的话、问同样的问题，这个现象，大人、小孩都有。

当我们意识到自己又开始重复，请针对情绪下手，静下来、放松，停止将焦虑传给另一个人。另一个人开始焦虑了，很有可能再将焦虑情绪回传。无形中，我们又累积了更多情绪压力，需要更多时间消化。

只抑制自己的行为，不管情绪，那会让情绪逐渐累积，就算暂时退去，终究会卷土重来。

我们过去没解决的问题，也常通过焦虑、忧郁等负面情绪，附着到不相干的人或事物上面，而限制了自己的视野。

譬如，有人会因为照顾久病的爸爸而身心俱疲，所以变得特别担心孩子的健康，不自觉地常严格要求孩子养成健康习惯，甚至严格到缺乏弹性的程度，也因此产生许多亲子冲突。

让我们学会正视焦虑，把它放到对的位置。摆脱过去的包袱，以清明的意识，重新看待眼前的人、事、物。

定期给自己一段空白

给自己一些空白的零碎时间，别用电子产品把零碎时间都"杀"掉了。

现代社会太急太赶，所以容易紧张、生气。我们排了过多的行程，甚至连小朋友的时间都被才艺训练、功课补习填满，可能比大人更忙碌。其实，这会让我们的身心长期处在压力下，是各种文明病比例逐年升高的原因。

所以，请给自己一些空白的零碎时间，别用电子产品把零碎时间都"杀"掉了。此外，不要等情绪产生了才开始留时间处理它，"预防重于治疗"，这是情绪管理最基本的概念。

简单来说，我建议每个人养成好习惯，每天给自己半小时，让注意力往内，进行专注或内省的动作。有时候，也可以通过运动，让自己有摒除杂念或放松肌肉的机会。偶尔放空，我觉得很好，不需要有罪恶感。

对孩子来说，让他有独处的机会，并不表示大人要忽略他。有些孩子需要有大人陪伴，才比较有安全感，才能进行较高质量的内省。孩子的独处，是给予其自由时间，让他做自己喜欢的事。在这段时间，他可以自由活动，像是盖城堡、画画、扮家家酒，或者是发呆、在床上滚来滚去，都可以达到排解压力的效果。

大部分的人，都希望有时间喘口气。所谓喘口气，是让身体、心灵都能因休息而获得调整。让我们从时间规划着手，定期给自己放空的时间，达到压力免疫的效果。

与情绪对话

跟着感觉走，我不完全赞成；但清楚感觉要我们往哪里走，却很重要。

听，你的情绪，正在说话。

它说，我很想伤害我自己；它说，我很累，我想放弃了；它说……

情绪不能用理智来评断对错，有情绪就是有情绪，它是主观而不是客观的。我们要听清楚它在说什么，看着它，然后用理智引导它。

跟着感觉走，我不完全赞成；但清楚感觉要我们往哪里走，却很重要。

如果我们选择不听情绪说的话，用理智压抑它，甚至忘了它，那么，迟早有一天，它会变成阴魂鬼魅，骚扰我们。

每天选个空闲时刻，让情绪清楚地说话，我们跟它好好聊聊，好吗？

无压力状态

长期假装自己处在无压力状态，只逃避，不思面对，那么防护罩就会变成隔离室。

要维持自己活在没有压力的虚构世界里，这件事，本身就很有压力。

一个人会做种种选择，没有选择也是种选择，然后我们就要为自己的选择负责。活在现代社会，压力只是多或少的问题。如果做的事让自己觉得有意义，主观的压力就小一点；做的事没意义，总是**忍受**而难以**享受**工作，那就会经常觉得浑身不对劲，压力大到让人发狂。

就像某个企业家讲的，有压力才叫工作，不然，就是游戏。

我想提醒各位朋友，**要有意识地管理自己的压力**，而非不明所以地被自己的压力逼得走投无路，把自己的热情或动机消磨殆尽，然后才不得不承认它的存在。

有些人不想承认自己有压力，或者根本没有意识到压力这件事给自己带来的情绪，这些，我都理解！

我理解某些人想保持的**无压力状态**，有时候，那是一种防护罩。因为重大压力而无所适从，包括丧亲、失婚、罹癌等，这种时候要求当事人立刻积极奋起，那太不近人情。但是，强烈的情绪冲击，任由它拍打，会让自己陷入混乱，从而伤害自己。

因此，疏离自己的情感，谢绝过多的关心，避免情绪不断被扰动而失控，那是刚开始对自己的保护。等到情绪一点一滴释放，直到个人觉得能够控制，或遇到能放心交付的人，再好好处理，重新调整心理与生活，这也是自然而然的节奏。

但，一个人如果长期假装自己处在无压力状态，只逃避而不思面对，那么防护罩就会变成隔离室，把自己关在狭小的想象空间里，既听不清外面的声音，又摸不准自己的感受。经年累月，对自己的身心状态会有负面影响。

情绪来了，真的快压不住时，请别轻视我们人类本能的疗愈力量。出去跑跑动动，让体力的消耗宣泄部分情绪，让身体的放松带来愉悦的感受。在这个过程中得到的健康身体，又能让我们更有本钱面对挫折。

或者，回到大自然的怀抱。青山绿水，是我们人类本来的家，宽阔的视野，能重新诠释目前的困境。

旅行、出游，到外面走走，离家，常是为了找到回家的路。

"不够好"就好，少自寻烦恼

不如意事，十之八九，只有少数情况能够"完美"，大部分的情况下，我们只能接受"不够好"。

负面思考的一个典型例子，是完美主义。譬如："我非得做到我心目中的百分百，否则，我会很痛苦！"

我帮助的孩子，常因为他人的一个眼神、表情，就暴跳如雷。我身边的朋友，也常会因为一封信、一通电话，而牵肠挂肚。

我常想，就算是不那么让人喜欢的互动，也不见得真的会让我们少了什么，但为什么我们的心情常随之起起伏伏？我猜想，那是因为，我们人类有一种特异功能，对于他人的话，我们给予它多少重量，它就可以有多少重量。

有时候，就算我们满口不在意，也很难消弭心里的委屈与难受。比如，我们不小心出了错，又被旁人用难听的话责骂，面对这种双重打击，我们不能假设所有人都能轻描淡写地一笔带过。

不过，**我们始终要相信，随着岁月与修养的累积，我们能够做到让负面的批评"云里来，风里去，来去不生波"。**

事实上，不如意事，十之八九，只有少数情况能够"完美"，大部分的情况下，我们只能接受"不够好"。

"不够好"也好，少自寻烦恼！

找回注意力

让我们把涣散的注意力重新收拢，凝神专注于自己的
意念心志。

我常常碰到青少年网络成瘾的问题，这些年轻人为了表达
被父母限制的不满，有跳楼的、纵火的、动刀的，还有一位，
为了打电动，作息时间一直调不回来，持续一年了。

根据研究，台湾小学中年级以上，学生网络成瘾的比例平
均约在两成。大人示范，孩子跟进。大人回家后，跟孩子抢计
算机，造成家庭失和的状况，也不在少数。

台湾现在随处都可以看到低头族，从心理学的角度来看，
这实在不是好现象。

当我们的心随着外界的声光刺激不断起伏，就容易心浮气
躁。习惯多个窗口快速切换，让我们逐渐趋向浮光掠影式的认
知处理，跳跃的、图像式的信息内容成为主流，对静态的、长
篇文字的信息内容的专注持续时间也就逐渐缩短。

**心要安定，才能及时察觉情绪一点一滴正在滋长，才能掌
握它并处理它，才不会被情绪主宰，做出让自己后悔的事。**虚
拟世界让心湖动荡，一旦回归真实世界，便波涛汹涌，产生焦
虑、忧郁的浪潮，无时无刻不在内心拍打怒吼。情节严重者，
甚至需要住院，进行药物治疗。

我认识一个孩子，平常生活也脱离不了在线游戏情节，一
开口就是满口英文脏话，对打杀等暴力字眼习以为常。注意

力向外而不向内，本末倒置，让原本打发时间的娱乐变成了最花时间的活动，最后沉迷其中、无法自拔，让健康的根基逐渐流失，心绪越来越紊乱，关系越来越紧张，环境的压力也日益急迫。

唯有大人带头放下，减少使用频率，孩子才能开始改变。

真的不知道要做什么，那就闭上眼睛，按顺序想一下今天发生的事。不方便闭上眼睛，那就轻轻地看着一个定点，梳理思绪，调整呼吸，提醒自己放松。

让我们把涣散的注意力重新收拢，凝神专注于自己的意念心志。

快慢之间，是门艺术

面对这个社会的要求，我们不得不快；但我们面对自己，要能慢，这样才能深，才得以渐次踏实。

偶尔在报纸、网络上看到类似《立即见效的情绪管理》《十天增进专注力》这样的书籍介绍时，心里都会有些复杂的感受。

我相信，这样的书，主要是反映社会整体的期望——期望在较短的时间内，快速解决难解的问题，包括情绪管理、专注力这些问题。

"追求速效"这种态度，本身就容易造成许多情绪管理的困难，以及难以专注的困难。

太急、太赶，让我们产生焦躁的生活基调。不耐久候，让我们对于需要静下心来面对的事物，或需要较长时间酝酿的工作，感到困难。

曾经有人说，他们照着书上的方式做，却没有明显的变化。这并不奇怪。不过，我倒不觉得书上写得完全不对。其实，按照上面的原则，拣选我们最需要的部分，长久练习，还是能得到效果的。

对我们重要的事，需要耐心做、持续做，急不来，也急不得。重要的事，不代表是急迫的事。急迫又琐碎的事，常占据我们许多时间，但就算根本不做可能都没关系。

面对这个社会的要求，我们不得不快；但我们面对自己，要能慢，这样才能深，才得以渐次踏实。快慢之间，是种巧妙平衡的艺术。

事缓则圆

很多事，想清楚了再说。负面情绪，引发负面互动；平静或正面的情绪，常能得到友善的响应。

每隔一段时间，报刊上就会出现各种简单的情绪调控的文章，概念多是老生常谈，但最重要的，是强调养成习惯。

我有一个朋友，一遇到事就马上"弹"起来。走路快，讲话也快，常讲到上气不接下气，急急忙忙就要回应，好像非得精力耗尽，才能平息怒气。在最好的状况下，他最后能消气，但是又不自觉地埋了不少地雷，因为盛怒下的决策、讲出来的话，常没平静时来得理性。

要调整情绪，宜慢不宜快，要多争取自己思考的空间，而不是抢着秒速响应。很多事，想清楚了再说，半小时内都来得及，对方也可以得到比较有逻辑的、清晰的答案，事情能执行得更好，也避免后续不必要的纷争。

负面情绪，常引发负面互动；平静或正面的情绪，常能得到友善的响应。情绪、人际关系常绑在一起谈，道理在此。

所以，不管是电子邮件，或是看到网络上充满情绪的留言，我常在响应前先离座走一走，做一点别的事。遇到让人气愤的对话与互动，通常我会闭上嘴巴，先要求自己把话听清楚再回应。如果当事人的话或动作让我有些情绪，我反而有可能引导他多表达，让我有机会多动脑、多感受。

有时，情绪常来自误会。误会，则常来自我们没时间把自己的意思表达清楚，或者对方没时间消化我们的表达。

情绪，要先求觉察，再求控制，最后是适当地表达自己的意见，才算走完情绪处理的流程。当然，"觉察、控制、表达"，三者之间的先后、比重，在各种情境下也各不相同，那是个人经验的拿捏。

每个人都不生气，不可能，也不健康。事缓则圆的思维，是值得我们参考的祖宗智慧。

"幽默"是情绪管理当中很重要的一个元素，可以帮助抵抗负面情绪。

我曾看过一个孩子为了融入团体，虽然对周遭旁人的表情感到迷惘，但仍强迫自己像他人一般大笑。其实，这孩子根本搞不清楚状况，有时笑得太过，反而导致其他孩子投来奇怪的眼神。

我也曾经如此，收放之间，多一分少一分都不自然，常充满尴尬。

随着年岁渐长，我发现自己有些许进步，不过，只限于工作情境中，在生活情境中还有待努力。我感受到"幽默"是情绪管理当中很重要的一个元素，可以帮助抵抗负面情绪。

我进行治疗时，常提醒当事人，善用快乐的力量。譬如，如何用微笑，有时加上冥想，来放松脸部的肌肉。

能够直视苦难，找出其中的荒谬，并重新争回控制权的人，非常有智慧。我并不是希望运用散漫的态度面对人生，而是，我们外表可以保持适当的严肃，但内在要轻松。

如果您愿意，可以试着练习对他人讲笑话，不管好不好笑，都可以有"笑果"。我一向鼓励大家练习讲笑话，让大家笑一笑，他自己也会有成就感，顺便提升沟通、表达能力。

但是，我不鼓励嘲讽别人，因为它带着敌意，好友之间也容易因为拿捏不当而翻脸。而我们对他人发出的敌意，常会回过头来作用在自己身上，不利于情绪管理。

对自己开玩笑可以说是幽默，对他人开玩笑可能被误会为嘲讽。善用幽默而非嘲讽，能帮助我们进入一种圆融自在的状态。

生气的预防重于治疗

怒气就像一团火，炽热让我们产生伤痛。修炼自己，让自己更成熟，更懂得疗愈自己的伤口，才不枉我们痛过。

关于生气，我们常有迷思，认为要尽量"发泄怒气，不要压抑"，对我们自己才好。事实上，对着他人发泄怒气常常让事情更糟，有时还会导致不可收拾的局面，也影响我们的健康。

苏格拉底的智慧提醒我们："在你发怒的时候，先紧闭你的嘴，免得增加你的怒气。"

面对生气最好的策略，是预防重于治疗，减少自己发脾气的机会。常做运动或能舒缓身心的活动，平常多留给自己空白的时间，都是不错的策略。

我常听到有人说："要好好吵一架，把事情讲开就好了！"

其实，重点在"讲开"，而不在"吵架"。我赞成直面怒气，但要有方法，放松、运动就是好方法。不面对让我们生气的人，独自一人调整也很好。

真要理性沟通，还是要等到双方怒气开始下降，才有机会。

能承接他人的怒气，又能拿捏好回应分寸的人不多。我们的怒气就像一团火，炽热让我们产生伤痛。与其等待他人改变，不如修炼自己，让自己更成熟，更懂得疗愈自己的伤口，才不枉我们痛过。

怒气需要适当的表达

怒气闷着，就容易变成情绪毒素，不明所以，但持续
影响我们的身心。

在每个社会里面，都有各自的情绪表达规则，也就是说，
每个人都有情绪，但如何表达、在何时表达、在哪里表达、用
什么行为表达，在不同的社会，有不同的规范。

我们常因为别人生气而生气，这是生理上的相互牵引，不
是我们的本意。我们得在心理上认清生气的本质，常探讨自己
的内心，能够接受别人表现生气的方式，但更重要的是，能够
接受自己表现生气的方式。

有人一生气就音量高八度，让人敬而远之；有人生气就不
讲话，会关在房里几天，或者冷战几个礼拜；有人生气就喝酒，
动手打家人……

这些方式当然不佳，但催眠自己不会生气，告诉自己忘掉
就好，也是一种面对方式。表达生气，可以用冷静的态度，找
好友聊聊，或者升华为创作，又或者化为动力，想办法解决。

如果我们表达生气的方式太狭窄，怒气会被闷着。怒气闷
着，就容易变成情绪毒素，不明所以，但持续影响我们的身心。

情绪是一种成本

背着负面情绪过活，走不远，生命也苦涩。

"情绪，是一种成本"，这是很少被提到的概念。

假设，两个人做同样的一件事，花同样的时间。你做完了，心情很平静；我做完了，心里却很不舒服。那么，我付出的成本比较高，因为，我等一下要多花一些时间去消化我的情绪。

比如，我们常常透支体力拼命工作，压力大、累积不少负面情绪。因此，在假日的时候，为了犒赏自己、纾解压力，就大吃大喝、出国玩、买名牌，又把赚来的钱花光了！一结算，剩下的钱不多，甚至负债，又可能失去健康，更不快乐，太不划算。

这是因为在一开始我们没有把"情绪成本"算在里面。可计量的金钱、时间，和难以量化的情绪因素，皆有其重要性，不能偏废。

在进行职业辅导时，我们重视"适性发展"。不是每个人都想当公务员，不是每个人都适合当老师，一个人勉强去做自己不适合、不擅长的事，虽然付出一样的时间，得到一样的金钱，但心里累积的不愉快，却要用额外的时间与金钱去化解。

背着负面情绪过活，感觉不到意义，走不远，生命也苦涩。为了工作，连非工作时间也要赔进去，这就是成本。

换个角度来说，**情绪也是动机，能得到好情绪我们才愿意努力。那么，做人做事，都要把情绪考虑进去，才能持续，也才不会一遇挫折就放弃。**

找到平静，再慢慢使力

> 要保持快乐不容易，也不见得长久；反而，保持平
> 静，相对简单一些。

也许，在某个阶段，我们跟人相处，很努力，却不快乐。

"努力"可以归类在行为层次，"快乐"可以归类在情绪层次。

在情绪层次，我觉得要保持快乐不容易，也不见得长久；反而，保持"平静"，相对简单一些。

在行为层次，我觉得努力的过程要慢，边走边找方向，也保持虚心学习的状态，就像我们攻克任何难题一样。

假如，我们能先调整情绪层次，再施力于行为层次，就更好了。

那么，在下个阶段，跟人相处时，我们在心态上先保持平静，然后一点一点使力。这样，日渐有功，或许不见得快乐，但至少不会那么痛苦！

情绪退去，理智才能清明

真理并非越辩越明，特别是带着气的时候；理智清明，才能把情绪想讲的话听仔细。

当一个人情绪"卡住"，我们对他最大的帮助，就是保持我们自己的情绪相对稳定。也就是说，我们至少要留部分的大脑空间，来帮已经很难理性思考的另一方，想清楚如何解决问题，以及引导他的情绪，让情绪流动变得通畅。

语言，是疏通情绪重要的工具，通常要以同理心的形式出现。孩子的世界比较简单，一句话就可能正中红心；大人的世界复杂，有时候，一个事件常衍生多种情绪，需要用语言一条一条理清。

语言能产生力量，是因为其精准，能击中情绪的核心，故能引发最强烈的共鸣。我们要很敏感，要使用对方能理解的字句，才能激发对方内在储存的记忆。在良好关系下，虽然面对负面情绪刚开始会有些痛苦，但当情绪压力慢慢卸下后，反而会有畅快感，被理解的感觉常有难忘的美好。对某些人来说，能痛痛快快哭一场，哭的当下即使难受，但擦干泪痕之后，就会从内在产生力量，再去面对新的挑战。

用情绪引导情绪，需要跟对方的情绪同步，这样效果最佳。譬如，当对方难过时，我们也想到我们在相同情境下的苦处，自然流露出难过的情绪，这能帮助对方更自在地宣泄。情绪有共鸣，感觉被了解，所以情绪有清楚的出口，以及通过良好关系所建立的安全方向。

有时候，引发情绪，需要借助肢体动作、冥想、艺术活动来进行。比如，读一本小说，看一部电影，就可将沾染的尘垢洗净。

情绪退去，理智才能清明。理智清明，才能把情绪想讲的话听仔细。

真理并非越辩越明，特别是带着气的时候。怒气能遮蔽真理，变成各说各的理，永远说不清。唯有怒气停息，我们才能接纳自己和对方。

有时负面情绪藏得深，我们不知不觉，那我们就要在非常安全的关系中，通过专业人员的帮助，用深度的自我觉察去唤醒情绪，才能得到疗愈。

接受负面情绪的存在

　　负面情绪，是我们自己的一部分。别急着丢弃它、甩开它，要学着和它像朋友一样相处，它才会对我们友善点。

　　负面情绪并非全然无作用，譬如，**适度紧张**能让我们注意力集中、警醒，以应付当前的工作与危机；**忧郁**，则提醒我们该休息，因为我们可能已经把自己逼到极限了；**失落**，让我们回过头去探究，自己是不是有什么需要没被满足，想办法获得部分满足或替代性满足，也是可行的办法。

　　此外，**害怕**处罚让我们记取教训，修正改过。就连常让人困扰的**生气**，在危机来临的时刻，也能提升我们的爆发力，增加我们生存的概率。

　　有时为了说明、讨论方便，我们把情绪硬分为正面、负面。事实上，正面、负面情绪常同时出现，我们应该接受它们，沿着情绪往内走，跟深处的自己对话、和好。

　　负面情绪，是我们自己的一部分。别急着丢弃它、甩开它，要学着和它像朋友一样相处，它才会对我们友善点。**故意视而不见，它就会躲在我们的影子里，如影随形，趁我们不注意，绊倒我们，逼着我们看见它。**

以理解面对批评

> 不必让他人的议论影响我们，重要的是，我们如何看待自己。

议论你的人，很了解你吗？他是真心为你好，才这样说的吗？如果不是，那不必让他的议论影响我们，重要的是，我们如何看待自己。

当他人批评、恶意嘲弄我们的时候，能够修炼到愿意理解对方的程度，那是不容易的境界。

闻过则喜，那是圣人才能做到的宽大心量。但面对负面言论，不马上响应，先听懂对方的话，细腻观察对方的神态，这些，凡夫俗子也能练习。

真的用心去理解对方的处境与难处，让"我"少一点，就不至于被负面情绪占满。我们的心情慢慢会淡定，如此，我们就能避免因为怒火攻心而失控。

有时候，我们还会出现怜悯或体谅的心情，反而对对方做出善意的举动，如此一来，连批评、恶意嘲弄都可能少了。

拒绝当情绪钢铁人

有情绪请尝试适当表达，想当情绪钢铁人，容易跟外界碰撞而浑身是伤。

男性在表达情感方面受到先天与后天因素影响，常有许多困难。接受心理专业服务的比例，男性也远远少于女性。

可是，难表达，不代表没情绪。情绪像水，疏导胜于防堵，堵塞容易导致身心疾病。男性也有追求心灵成长的需要与权利，因为个人成长并不只有对专业知识的追求，同时，也别因为性别认同的期待，而忽视了自己对内心平衡的渴求。

时代不同了，铁汉也能柔情，当自己有情绪的时候，请尝试适当地表达它。因为，想当情绪钢铁人，容易跟外界碰撞而浑身是伤。

而适当地表达情绪，并不意味着当我们有负面情绪时，就要出口伤人或是毫无遮掩地大发脾气，而应该利用观念调整、行为改变，来让情绪有所疏通或是找到宣泄的替代方式。

譬如，**如果能借由正向思考、说好话，或者定期运动，来让自己降低负面情绪的强度和频率，用正向眼光看待事物，那么他人会感受到温暖，我们自己也受益。**

不擅长言语可以练习，不习惯让自己哭泣可以适应。男性处理情绪的过程或许与女性不同，但找出最适合自己的方式，则男女都可试着往这个方向努力。

关于情绪这件事，我们要先知道"主观真实的内在"是怎么回事，再想"他人眼中的应该"——在何时、何地、如何表现为佳。相对于不经思索就套入社会框架的方式，这样处理起来也比较人性化一点。

整理自己，重新出发

当我们情绪太多时，就需要——厘清，通过整理，把
一直格格不入的回忆，安放在生命的脉络里。

因为情绪而"卡住"，可粗略分成两种状况：一种是某种
情绪太强，淹没了理智；一种是情绪太多，不知该如何处理与
下手。

情绪太强，部分是生理原因，部分则是因为长期的情绪积
累没清仓。短期来说，可用药物与运动暂时缓解；长期来说，
要简单生活，停止累积，然后找到源头，去淤解郁。

情绪太多，或者太复杂难解，譬如在亲子、情爱关系中，
可能同时包含爱、恨、失望、甜蜜、痛苦、无奈……需要——
厘清，通过书写、述说、艺术创造，把一直格格不入的回忆，
安放在生命的脉络里。

然后，才能迈开脚步，重新出发。

"距离化"思考

若情绪徘徊在低迷、消沉里，记得学着当自己的旁观者，来帮助我们跳脱出"当局者迷"的困境。

当我们感到忧郁、挫折时，难免会怪罪自己。然而，过度的罪恶感，以及满腔的负面情绪，会淹没我们的理智，让我们没办法好好判断，甚至没办法专注做事，像掉入不见光影的山谷里。

那么，请用**距离化**这种思考方式，帮自己脱困。

"如果，是我认识的一位好朋友，他会怎么做？"

"如果是我认同的那个人，他会怎么做？"

"如果有人遇到同样的困境，我会如何劝他？"

把自己跟负面思考拉开距离，召唤**后设认知**的能力，也就是去思考我们自己的思考，来帮助我们跳脱出**当局者迷**的困境。如此，我们方能有更宏观、广阔的视野，重新看待我们可能不自觉形成的扭曲认知，避免我们的负面情绪不自觉地不断被引发。

我们的思考，常只是一种内在习惯的推论，不见得是事实。我有负面思考，跟我选择相信这个负面思考，可以是不同的两件事。

如果我们在努力生活的过程中，情绪徘徊在低迷、消沉里，请记得学着当自己的旁观者。若**事不关己**，旁观者的清明透彻就能发挥力量，帮我们度过**关己则乱**的迷茫期，让我们得以离开黑夜，见到朝阳。

情绪的表达方式可以学习

面对情绪，我们可以多表达自己的看法，通过讨论，提升自我觉察。

情绪强烈的人，表达会比较清楚，他人也容易接收到信息。但是，一般来说，人类的负面情绪种类较多且持久，所以，情绪强烈的人，比较容易处在不舒服的状态里。通常，作家、艺术家、戏剧工作者等，会相对需要这方面的特质。

情绪温和的人，他人需要花较多力气去注意，才能接收到信息，相对而言，也比较容易被欺负。不过，情绪稳定利于思考，且大部分的人会觉得跟情绪温和的人相处比较安全、轻松。

与人为善，刚开始常会被占点便宜，但并不表示，我们从此就要伤害别人，这点需先谨记在心。

我遇到过一个人，他的自我觉察非常细腻。他说，自己的情绪少数时候强烈，大半时间温和。当他好声好气与人沟通时，通常对方都听不进去，所以闷了一段时间后，情绪就会变得比较强烈。

我问他，自己的情绪表现，是不是常处于 0 和 100 这两个极端，没有中间值？他点点头说："有点像这样！"那么，对于他来说，要多学习几种适当的表达方式，免得一发脾气就吓到旁人。

其实，个性没有好坏，情绪也很主观。情绪表达方式可以学习，通过音调、肢体动作、措辞，可以有不同等级的表达方式。有时候，表达强度也跟接收讯息的人有关，有些人就是只能接收到比较强烈的信息。

面对情绪，我们可以多表达自己的看法，通过讨论，提升自我觉察。这功夫，人人都做得到，只要多留意自己这方面的成长，常内省即可。

第三章

两个人有两个人的美好
一个人有一个人的自在

顺随缘分，在转念之间成就最美善的关系

　　我做我的事，你做你的事。我在这世界不是为了要实现你的期望而活，而你在这世界也不是为了我的希望而活。

　　你是你，我是我。如果偶然地我们发现彼此，那很美好。如果没有，那也是没有办法的事。

——德国心理治疗师　福律兹·培尔斯

深刻的关系，可遇不可求

要展开善缘，先从不结恶缘开始，然后，一切随缘。

为了说明上的方便，我常把人际关系分成三种。

第一种，是很多人都期待拥有的"较深刻的关系"。譬如，知己、好友（社会上很多人宣称的"好朋友"，当应酬话看待即可），可以互相谈很隐私的事，又不会觉得别扭。事实上，这种人际关系比例最小。

第二种，是"一般性的人际关系"。譬如，点头之交、邻居，有时候是同学或同事，可以聊一下天，但是不深入，偶尔可以借一下东西，或帮个小忙。这种人际关系，在这个社会上最常见。

第三种，是"负面的人际关系"。譬如，仇人、恶邻居，或者喜欢打小报告、搬弄是非的同事，看到就讨厌，没讲几句话就想吵架，碰面常装作没看到。这种人际关系，在这个社会上也不少。有时候，我们跟最亲近的人，反而就处在这样的状态里。

我们心理师帮助人，特别是在人际关系层次，就是尽量避免负面的互动，提升一般性人际互动技巧，至于较深刻的关系互动，真的是可遇不可求。

在目前这个社会，即使只维持一般性的人际关系，也就足以生存了。一般来说，我们都希望孩子或自己能交到好朋友，但事实上，真心的好朋友，一辈子能有几个就很幸运了！

我认识一位社会经济地位较高的公司主管，人际互动能力不在话下，聚会、派对也从不缺席，但他常觉得自己没有朋友。其实，他不是没有朋友，而是没有交往较深的好朋友。

有时候，这个社会上所谓的朋友，常带有某种利益取向。有时候为了工作需要，不得不应酬，否则常维持这种关系，真的会很累。

要展开善缘，先从不结恶缘开始，这点得先把握住。然后，一切随缘！

转身与放下

关系的变化，半点不由人，勉力挽留，通常结果就不
美好了。

人与人之间的关系，要出现最深刻的美好，通常需要凭借
那段时间种种主、客观因素的凑巧，方能如愿。时间一过，关
系就会出现变化，半点不由人。

物极必反，勉力挽留，越过了界，通常结果就不美好了！

好同学，不见得是好同事；好同事，不见得是好朋友；好
朋友，不见得是好情人；好情人，不见得是神仙眷侣……关
系的重要核心之一是情绪，情绪的变化无常众所皆知。因缘俱
在，和谐就在，一个条件不同了，人与人之间的舞步，就可能
乱了。

**对于曾经有过的美好，要懂得放下与转身，见好就收，理
解关系走向的必然。在我们眼前的，只有半个世界，等我们回
头，就能看见另外半个世界。**

**然后，依然保持对人的真诚与关怀，让自己过得好，或许，
会有另一种美好的关系再次出现。**

在互动中相互学习

　　在人我互动中，不要只想着争输赢，要低下头。学会欣赏，就能看到俯拾即是的金黄稻穗。

　　所谓的人际关系高手，不是永远不会跟人吵架，而是就算吵架了，也懂得如何修补被伤害的关系，调整到仍可互动相处的范围。如果一个人跟别人吵架后就从此冷战，拒绝往来，那么这个人就很难维持深刻的关系了！

　　一段健康的关系，是能容许对方讲自己想讲的话，尊重对方的感受，这包括爱情、亲情，或一般的关系。**我们容许他人把对我们的批评说出口，我们才有机会告诉对方，某些字眼使人难受，一次又一次，让彼此的互动磨合修正。**

　　这个过程中，怕的是我们沉不住气，开始用情绪相互角力，那就丧失了我们想借由这过程帮助对方的原意。让对方知道，他也能影响我们；让对方有掌控感，能珍惜与看重自己对他人的影响，并妥善运用。

　　借由相互的学习，再回到我们本身的成长。在人我互动中，不要只想着争输赢，要低下头，学习对方好的部分。学会欣赏，就能看到俯拾即是的金黄稻穗。

适得其反的爱

　　我们想给他人的爱，如果给得太多、给得太快，那恐怕就不全然是为了对方，可能有一部分是为了满足自己。

　　夫爱马者，以筐盛矢，以蜃盛溺。适有蚊虻仆缘，而拊之不时，则缺衔毁首碎胸。意有所至而爱有所亡，可不慎邪！

——《庄子·人间世》

　　我很喜欢庄子的这段话，可以简单翻译如下：

　　"有一个爱马的人，以精致的竹筐接马粪，用珍贵的贝壳接马尿。刚好有蚊虻叮在马背上，而爱马人出其不意地拍打，马就会惊怒而咬断衔勒，毁坏头胸的络辔。本意是出于爱，而结果却适得其反，这样的事能不谨慎吗？"

　　我们想给他人的爱，如果常常给得太多、给得太快，让对方过度满足，那恐怕就不全然是为了对方，可能有一部分是为了满足自己。或许，是为了弥补我们自己曾有过的不满足；又或许，是我们对于维系关系这件事过于焦虑，夸大了来自对方的讯息。

　　爱得太浓、太重，会让人窒息、厌烦、想逃离，因为我们想照我们的方式给，而很少去考虑接收爱的那一方到底适不适应这样的方式。有些人，有人爱就会接收；有些人，则会采取迂回的方式，包括跟对方吵架、到外地工作等，试图拉开彼此的距离，让自己能够喘息；有些人，干脆就结束了关系，让自己活得多一点轻松快意。

给予爱的一方若是不够自觉，或许还会心生纳闷："为什么我这么爱他，但是他却一点都不珍惜？！"

我认识一位朋友，非常关心另一半，想要掌握他的大小事。但是她有一个习惯，就是随时会把她掌握的状况，当成茶余饭后的话题，让姐妹们一起来"关心"。后来，她的情人受不了，只能逃跑，彻底不再和她联络。

本来是出于爱，但结果却适得其反，能不谨慎吗？

充分的信任，需要长久关怀才能建立

充分的信任，要始终如一，心口如一，长久关怀，才能建立。

我的工作常需要我接收他人的情绪，不管是正面的还是负面的。

最近，有位朋友告诉我，他和长辈的关系有了改善，双方见面时的气氛不再总是剑拔弩张，偶尔还能有温馨的互动，他觉得很开心。

我告诉他，如果我们愿意接纳对方，常用温暖、关怀的语气跟对方说话，对方就不怕表达他的真实情感，不怕被否定，那么这样美好的场面，就会比较容易出现。

我鼓励这样的表达方式，因为这样的善意，往往会通过不同的形式，再回馈到我们身上。而使用这样的语言，也能帮助对方将这样的语言类化到他人身上，让人与人之间的关系更和谐一点。

举例来说，如果我们今天看到某人，心中就有气或者害怕，那不要说是嘘寒问暖，不口出恶言就不错了！

只有深刻的好关系，才能让我们愿意面对自己的内在，人性的正面能量也才能展现出来。因此，无私的爱引导出来的力量、产生的光辉最能照耀人类。

一个人，要让另一个人愿意把心中最柔软的部分呈现出来，前提是对方对你有充分的信任，并且不怕受到伤害，才有可能。

这充分的信任，要始终如一，心口如一，长久关怀，才能建立。一旦失去了，要再建立，就不容易了。

不要伤害别人

心中只有自己，不顾别人，会遇到许多阻碍，终究也难以到达目的地。

一个人要能过得快乐、有意义，不伤害到他人是非常重要的前提。尤其在社会中活动，人与人的互动频繁，伤人等于伤己，这样走不久，也走不远。

我们鼓励追求自我，但是务必也要记得把他人的感受纳入考虑范围。自我实现的最终标志，是有了坚强、稳定的自我认同感，并把他人当成如同自我般存在的一个人，而非填补自身空虚的工具。

真正深入地了解自己，才会发现，我们也借此了解了世界上其他许许多多的人。探索自我只是起点，只停留在自我这个层面不是终点。

心理学大师阿德勒体会到，个体能明白自己是社会的一分子，想要找到自己在社会中的位置，获取归属感与贡献自我。若真能如此，个人的自卑与疏离感就能逐渐缓解，通过相互分享，我们就能产生勇气去面对自己的困境。

心中只有自己，不顾别人，会遇到许多阻碍，终究也难以到达目的地。

少一点自我，拉近人我距离

把心静下来，少一点僵化的自我，也许可以再把彼此的距离拉近一点。

有时候，我们只是少了可以一起哭、一起笑的朋友，我们有些寂寞，我们有些淤积的情绪没有说出口。有时候，那种磨人的寂寞，让我们感觉像浮萍，飘来荡去，没有依靠，找不到归属。

这有些无奈，因为频率相近的人，可遇而不可求。失去了美好的友谊，好像就少了点自我幸福感。

把心静下来，少一点僵化的自我，也许可以再把彼此的距离拉近一点。当我们对他人多一点同理心与认同时，我们就能进一步体验到他人所感知的世界。在建设自我的过程中，有些人需要社会的联结，来定义自己的成功与快乐。

祝福您，找到能一起自在哭笑的朋友！

人际互动重在自然

人际互动不要急，最重要的是自然，如果现在做不到，也不要用负面的方式来引起旁人注意。

亲爱的你：

你因为职场上的人际关系感到苦恼，我们聊到共同的朋友A，他在交朋友时的圆融态度和待人技巧颇值得学习。

你说："这样太虚伪了！"

我想告诉你："我了解，我是真正地了解！"即使年岁渐长，我到现在还是不喜欢讲客套话。我对人尽可能和善，但有时候看起来还是很笨拙。

我一直到上大学加入社团、当了社长之后，为了社务，才敢开始跟不熟的人打招呼、聊天。为了能做自己喜欢的事情，开始学习招募新人、跟老师们打交道、跟不同单位接洽、借场地……

为了自己喜欢的事情，我勉强自己去社交，发现也可以做到，慢慢习惯就好。我想鼓励你，只要找到愿意投入的目标，一定也可以让自己稍微圆融些，减少困扰。

你说你不喜欢对人笑，我以前也是，总觉得没什么必要。一直到开始工作，我才从比较有经验的同事身上学到，原来就算没什么事，走路时彼此错身而过，也要微笑着看一下对方，不然别人会误以为你心情不好，或是讨厌他。

你讲话很直接，不太喜欢讲没必要的话。我以前也是这样，总认为沉默是金、言多必失，这些古人的智慧，也没有什么不对。

人际互动不要急，最重要的是自然，如果现在做不到，也不要用负面的方式来引起旁人的注意。当隐形人是无趣了一点，但习惯了，也能自在，而且也不用这么累，常要应付人。

我的朋友，祝福你，在不影响他人的情况下，能够做自己，能够感受一个人的自在。

准备好自己，帮助做好准备的人

想帮助一个人，就要鼓励他，维护他的自尊，以确保他有改变的基本动力。

一个总是贬抑、批评他人的人，所说的话，有时候可能非常正确，但却难以让人信服。

这可能是因为，如果这些负面的话语我们都接收进来，在还没改进自己之前，就已经被伤了自尊。就好像我们没办法要一个人清理伤口，同时又往前冲一样。

但相反地，不断被人夸大或空泛地赞美，也不会提升我们的自尊，除非我们知道那个人同时也能指出我们的缺点。

如果你付出努力，勇敢克服自己的缺点，进而获得对自我的肯定，就会明白，他人的赞美或批评，只是参考，不是决定因素。

所以，如果我们想帮助一个人，就要鼓励他，维护他的自尊，以确保他有改变的基本动力。然后，视他的接受程度，指出他应当重新思考的部分。

当然，也有人的自尊心非常脆弱，缺点一被碰触就会对别人展开攻击。因此，在没有培养出坚实的信任关系前，旁人即使着急，也很难做什么。

我们通常只能对自己做好心理建设，"准备好帮助人"，然后，看时机，找机会"帮助准备好的人"。

最好的安慰，是一种疗愈

安慰就是一种陪伴，但请尊重他人希望被陪伴的方式，而非一厢情愿地用自己认为好的方式去帮忙。

在他人难受时，我们付出关心，在我的理解里，这种关心可以用"安慰"的方式。

安慰他人之前，我们得先建设自己，要能敏感觉察，情绪控制不能太差。要不然，本来想安慰一个人，但却怎么安慰都没效果，越安慰我们越气，甚至对我们本来想要安慰的对象发脾气，造成反效果。

"哭什么哭，有什么好哭的……你是有抑郁症吗？""再哭我打你……""不要在我面前摆这个脸……""你到底有完没完？"

我常看到这样的安慰，本来可能想助人，但是助人不成，反而被对方厌烦、嫌恶。一般人对其他成人还不敢如此过分，但对自己的孩子容易脱口说出这样伤人的话。很遗憾，我曾亲眼看见家长真的因此动手打孩子——通过二次伤害，要孩子连同第一次伤害也吞进去。

还有一种状况，安慰者就是伤人者，这样容易让受害者越被安慰越难过。有时候，找比较中立的角色安慰，效果会比较好。

其实，要安慰一个人，需要很多知识及能力上的培养。最好的安慰，本质上很接近疗愈。

如果有一个人，修养很好，看起来安详平静，那他有可能不需要说什么，光是让对方看到他，就能感觉难受少了几分。要谈抚慰人心的力量，而不强调个人修养，那就是忽略了根本。

我们在修炼自己的过程中，能再注意下列几点，或许会对安慰他人更有帮助。

首先从负面的情况说起，也就是我们在安慰他人时，需要避免哪些举动。

第一，就是刚刚所说的"批评他人"。批评带有否定他人情绪的味道，但情绪是主观的，无所谓对错。

"你这没什么吧，我那个时候，连饭都吃不下，快瘦到不成人形了……""男子汉大丈夫，你这样很像个女人，连我在旁边都觉得很丢脸……"

有些人，只有淡淡的难过，或许他只要有人来安慰，感觉到被在乎，就觉得好受多了。或者，有些人还有足够的理智空间，能帮对方设想，知道"他应该是想安慰我，所以说出这样的话"。又或者，安慰者分享的经历相当精彩，分散了被安慰者的注意力，转移了难受的情绪。在这些情况下，上述的安慰方式也能发挥作用。

若是被安慰者悲伤程度比较高，或是安慰者的语调与态度较为轻佻，这样反而容易使被安慰者产生负面情绪。从更深一层来说，当我们轻易觉得他人的感觉不算什么，某种程度上，我们会有一些优越感产生，或者只是想借由分享自己的经验，来解决自己还没收尾的问题。如此一来，我们的情绪没跟被安慰者同步，互动容易失焦。

"自我揭露"是安慰的一种方式，但重点在于被安慰者的情绪缓解，而不是安慰者的情绪去除。我遇到过一种人，常在安慰他人的时候，大谈自己过去的种种，结果话题都在自己身上打转，对被安慰者反而只轻描淡写地说几句，被安慰者只好找理由脱身。

　　第二，避免长篇说教。有人喜欢扮演长辈的角色，喜欢被认为有智慧，喜欢拿社会资历去吸引他人的注意。因此，会说出类似以下的话：

　　"我早就告诉你，不要相信他，这种人我看多了……""你就是在考试前还在玩，我不是跟你说了吗，你这样怎么会考得好……"

　　千金难买"早知道"，用"早知道"来说教，常让人觉得在放马后炮。都已经很难过了，还要被这样念叨，这是说教，不是安慰。说教有说教的好处，但它不是用来缓和负面情绪的，相反地，说教常对他人产生某种程度上的压力。

　　如果从正面来谈安慰，第一个基本动作就是倾听，让当事人多说一点。先让当事人把情绪发泄完，把事情的来龙去脉完整叙述一遍，别打断他，就有减少负面情绪的效果。在对话上，要常用问句，以及使用摘要。

　　"你是说，他在告白之后也没有响应，就直接跟他同学说他不喜欢你？""让我把听到的讲一遍，你看对不对，就是……"

　　倾听，是一种主动的动作，并不只是被动地傻坐着，打开耳朵而已。除了专注的态度，常要加上询问、引导，让对方把整个画面描绘清楚。听不清楚、不懂，就问，别急着劝。不过，当一个人沉浸在自己的情绪中，或极度悲伤时，话总是讲不清楚，怎么问都模模糊糊，是有可能的，我们也要对此有心理准备。

此外，还要拥有同理心，可以用"我知道""我体会""我关心"来开头。

"我知道你一直考不好，有点挫折感""我当初考不好的时候，也是这样的感觉""你希望我可以怎么帮你……"

这其中，节奏的快慢要拿捏好，有些人需要花很多时间谈情绪，有些人很快就跳到怎么解决问题上；有些事有办法解决，有些事只能看开。使用同理心的时机与速度，要靠经验累积，才能恰如其分。

其实，安慰就是一种陪伴。不过，请尊重他人希望被陪伴的方式。比如有些人难过时希望独处，如果我们还一直在他旁边讲话，就很有可能造成他的压力。有些人暂时想要转移注意力，找人陪他去做点事，那我们就陪他去走走，即使我们自己习惯在难过的时候选择一个人静一静。

要做好陪伴这件事，就要问"你希望我怎么帮你"，而非一厢情愿地用自己认为好的方式去帮忙。除非你很清楚对方喜欢用什么方式处理情绪，但他又不好意思开口请人帮忙。

一个很会安慰他人的人，也一定很会处理自己的情绪。这门功夫，"送礼"自用两相宜，该学！

肯定自己，才能欣赏他人

　　一个人的诸多不满，是一种投射，映照出他自己的
样貌。

　　我有个朋友，上辈子可能当法官，所以这辈子常常在自己
心里开一人法庭。他对每件事、每个人都有评论，一张嘴像刀
子一样，到处砍杀，好像这世上只有他毫无问题，惹得大家对
他敬而远之，而这更深化了他的愤世嫉俗。

　　其实，他最常审判的，就是他自己；他最没办法原谅的，
也是他自己。他的诸多不满，只是投射，只是映照出他自己的
样貌。

　　他用了错误的方式，潜意识里想要借由贬低他人来提升自
己，但是适得其反。他需要在无条件的关怀关系里，重新学习，
先肯定自己，然后欣赏他人。

正向情绪的连锁效应

懂得自然地称赞他人，欣赏他人正面的部分，比较容易收到他人的正面回馈。

在心理学中探讨我们为什么会喜欢另一个人，其中一个重要原因，说起来很容易理解，是因为我们感觉他人先喜欢我们，之后，我们也会慢慢产生喜欢对方的感觉。

如果我们要受人欢迎，倒不见得一定要表现得让他人觉得我们很喜欢他。不过，我们如果懂得自然地称赞人、欣赏他人正面的部分，会比较容易收到他人的正面回馈。

真正的爱

占有式的爱，爱的不是别人，正是自己。

人与人互动的过程中，会因为相处产生很多感情，有正面的、负面的，有亲情、友情，还有爱情，等等。

如果我们爱一个人，非要他对我们言听计从，才满意；非要他跟我们互动时感到快乐，才被我们定义为真正的快乐。

那么，这种爱，称为占有式的爱。

占有式的爱，爱的不是别人，正是自己。

设下情绪的止损点

> 人生中有些事很难改变，心情好也是过，心情不好也是过，学习接受，会过得顺一点。

一个人生下来，就要开始学会为自己负责，年纪越大，责任越大。

所以，不管是孩子、配偶、好朋友，抑或是自己的父母，不管我们再怎么关心，也没办法帮他过他的人生。不管我们怎么努力帮忙，总有一定的限度。

每个人都是独立的个体。您有您的人生，他有他要走的路，过好自己的人生，才有余力助人。况且，我们要有最稳定的心情、最冷静的头脑，才能把事情看清，才能出最大的力。

那么，我们就要做好"情绪切割"的动作。您是您，他是他。他很痛苦，就算您一直为他感到痛苦，也无济于事。就算是孩子，也有他自己应该面对的功课，有他要学习、调适、努力的地方，如果我们把可以帮忙的部分都帮了，状况仍然没有改变，那我们就要学习放下。

人生中有些事，比如生、老、病、死，没有人躲得过，也很难改变，心情好也是过，心情不好也是过。只要是人，就免不了要面对难关，学习接受，这样会过得顺一点。

要努力，要尽力而为；没改善，就等待，学习重整自己的步调。

人与人从见面开始，随着缘分和际遇，建立了深浅不一的关系。在社会上，我们需要跟不同的人一起完成不同的事，我们以关系为基础，执行社会交付的工作。

　　但是，我们在执行社会所交付的任务时，会忽略最根本的关系，当关系产生动摇时，我们就没办法完成该完成的事。

　　我们要学会调整，关系是根本，没有地基无法建大楼，先让关系稳固，再讲其他。

　　一味想着大楼的模样，一味想着原本默认的目标，眼光始终未落在当下，只会给自己、给他人压力。很多事，不是我们自己能决定的。

　　太过认同他人，太过急切地完成社会交付的工作，没有照顾到关系的根本，就像地基不稳的大楼，一旦地震来时，只能等着倒塌崩坏。

控制冲动

　　学着经常去感觉自己的冲动，慢慢就能一点一点地控制它。

　　每个人都会犯错，犯错常因为冲动。冲动，经常是造成人际冲突的原因之一。

　　我喜欢这么问："当冲动来的时候，你是什么感觉？"

　　当然，犯错常有借口，但我们并不是判官。我会说理，但不会去强调对错，因为这样只会让对方更难过，特别是当他本来就因为犯错而不能原谅自己的时候。

　　"冲动犯错"跟"蓄意犯错"当然不同，只是如果我们不深入观察，很难分辨。

　　冲动来的时候，我们常常沉浸在某种情绪或欲望里面，肌肉紧绷，一直想着要行动。

　　学着经常去感觉自己的冲动，慢慢就能一点一点地控制它。

跟想象中的父母和解

　　想得到深层的平静、疗愈自己从小被否定的感受，要
先学会宽恕父母。

　　要疗愈自己从小被否定的感受，要先学会宽恕父母。这不
容易，但要得到深层的平静，必然要往这个方向前进！

　　我们要等到自己都建设得差不多了，有了相对稳定的内在
世界，才能启动这样浩大的工程。

　　所以，要去体验、理解最初的情绪，然后重新以目前的观
点诠释过去的点滴，于是产生新的观点与顿悟，那时，我们就
能对自己展开修复的工作。

　　那时，父母不再具有无上的控制力，我们也掌握了自己情
绪的主控权，过着为自己负责的生活。

　　这条路我们终究要走，只是，有人步步艰难迈进，也有人
选择停留；有人立即行动，有人则要等到能量足够。

　　**跟想象中的父母和解，也就是跟过去的否定说再见，那种
轻松放下的感觉，让我们可以更自在！**

人际互动的脚本

开始做一件好的事，说一句对的话，人际互动就慢慢
展开了。

人际关系训练，就像是在熟悉有各种角色的脚本。把脚本
的戏码练习好了，实际上场时，就能比较熟练。

即使是受害者，也要了解该说的台词。要沉得住气，学习
明哲保身，因为难过、生气，就骂人，甚至伤害人，可能让自
己的处境更艰难。

等熟悉了环境，观察了一段时间，再开始做一件好的事、
说一句对的话，这样人际互动就慢慢展开了。

从"感受"进入冲突核心

唯有把自己理清楚了，才能照顾到另一个人的感受。

人与人互动时，难免遇到冲突！

也许，我们该从自己开始，觉察自己的情绪，适度表现自己的情绪，容许自己把时间留给自己，留给我们自己很需要被关怀的内在小孩。

我们不见得当过父母，但我们都曾经是小孩。一些莫名所以、不知来由的情绪，往往跟过去如何被对待有关。小孩是弱势的，无力抵抗压力，由此堆积许多情绪。

随着成长，我们逐渐淡忘过去种种，但这些留在我们身上、躲在我们心底的记忆，依然在暗处不停地对我们耳语。**让我们用长大后更成熟的眼光，听清楚内在小孩尝试告诉我们的故事，重新审视过往；让我们用岁月淬炼出的能力，去平复我们幼年的伤痛。**

唯有把自己理清楚了，才能照顾到另一个人的感受。

从"感受"出发，才能进入冲突核心，才能走进"你好，我也好"的世界里。

伤害人的同时，自己也在受伤

我们伤害人，刚开始是为了对抗他人的伤害，但是，累积了过多的情绪，伤害他人就会慢慢变成习惯。

"你让我不高兴，我就让你不快乐"，这是最典型、最简单的报仇心态。

互动中的两人，其中一方提出请对方帮忙的要求，但对方如果因为种种原因拒绝，我们就会听到这句熟悉的话："好，那下一次，你要我帮你做什么的时候，我就不帮你！"

在婚姻、职场关系中，我们常因为挫折而对伴侣、同事生气、赌气，甚至恶言相向。坦白说，正常人就是会这样，关于情绪，我们要先知道它在哪里，才能知道怎么控制它。

其实，不管在怎样的互动关系里，如果我们不希望对话的另一方说出"某些话"，我们自己就先别那样说，这就是身教或示范。

复仇心态，其实部分就源自"自我保护"。

我们伤害人，刚开始只是为了对抗他人的伤害。但是，累积了过多的情绪，伤害他人就会慢慢变成习惯。

然后，我们就忘了——其实，伤害别人的同时，自己也正在受伤，没有人是赢家。

世上最棒的关系

　　最棒的关系，是你在他面前，无惧地做自己。

　　这世上最棒的关系，是对方了解了你的所有缺点，但他依然自在。

　　你会感受到一股前所未有的轻松，不是因为你受到对方多少称赞，而是你在他面前，无惧地做自己。

没有负担的爱

我们要爱一个人，爱到让他感觉不到负担，那我们就得先找到自己。

一个人，没办法给自己独立而有意义的生活，就容易落入靠别人来生活的状态。然后，情绪随之起伏，介入他人生活的现象就出现了，造成对他人的压力而不自知。

例如，有些情侣在相处时过度以对方为中心，而自己的生活，好像不见了。

依赖和关心，是两回事，但有时我们容易用关心把依赖包装起来，最后就是控制欲的展现。

关心让人感觉到被爱，但过度依赖与控制，通常让人想逃开。

我们要爱一个人，爱到让他感觉不到负担，那我们就得先找到自己。

如此，我们才能过得愉快！

时机与等待

　　跟人相处，很多时候，就是观察、尝试，先求不做错事，再看看能做对什么事。

　　要跟一个陌生人建立关系，或者跟关系不好的人重新开始，要耐得住性子等待。

　　一厢情愿地急着表达善意，不是办法，容易弄巧成拙。

　　在关系里面急躁，对方就会不自在。放慢脚步，观察、了解对方，先清楚对方的个性，再开始行动。

　　有时候，我们找不到好的机会表达我们的善意，那就要等，而且还要想，怎么样才不会让对方讨厌，不会误触对方的雷区。这非常重要！

　　因此，跟人相处，很多时候，就是观察、尝试，先求不做错事，再看看能做对什么事。

　　每做对一件事，就建立一点信任，长此以往，对方会跟我们自然而然亲近。

选择相信缘分

有缘，彼此相伴走一遭；无缘，也不用交恶，祝福彼此在各自的天空下，行走自己的人生。

在越大的体系里求生存，就越容易感到被捆绑而无法呼吸。

因为体系里面的文化或者潜规则，常是为了少数人的利益或方便而定，并不像表面那样照顾多元人群。

在社会环境中，某些情形下可以生气，但过头就不对了。常听到有些人叹气，为什么付出真诚单纯的心，换来的却是他人的绝情和误解？

我满脑子问号，但，"缘分"是一个能减轻我认知负担的概念。

比如，我和有些朋友建立关系很快，有些则很慢。许许多多我和他人之间深深浅浅的互动，常不见得事前就能清楚预料。

即便我是接受了科学训练的心理师，但在提到人与人之间的相处时，我也相信"缘分"。有缘，彼此相伴走一遭；无缘，也不用交恶，祝福彼此在各自的天空下，行走自己的人生。

失去他，不代表失去全世界

从他人身上得不到的，你要想办法自己给。关系中曾有过的美好，记在心里珍惜就好。

亲爱的你：

你说，失去他，就像失去了全世界。

当你还是小婴儿的时候，脆弱无力，在这个世界，只能依赖照顾你的母亲或父亲，才能存活。当时，父母就是你的全世界。

直到遇见他，你有些悸动，于是，你也给了他毫无保留的信任。不过，你忘了，你已经长大了，不再是小婴儿了。

他让你失望了，你以为，你失去了全世界。不，请你想一想，你不再是小婴儿，不再那样脆弱无力了。你长大了，足够坚强。

请你别再继续用小婴儿的方式去爱。你期待的，对方做不到。事实上，此时此刻可能没人能做到，即便是你已老去的父母。

有空，请你多思量，随着时间推移，终究是回不去了，但是曾有过的美好，记在心里珍惜就好！

从他人身上得不到的，你要想办法自己给。你没有失去全世界，你依然可以好好活着。

从今天起，由你自己创造你的世界。这时如果出现真正理想美好的关系，请放下心来享受，随遇而安。

放下执着

回不去了，就别执着。硬要回到过去，只会徒增
困扰。

家人、伴侣之间，彼此"争战"了几年，最近终于开始有
改善的迹象。

说争战，一点都不为过，彼此都用最具伤害性的语言来攻
击对方。人世间，最让人痛苦的事，莫过于此。

回不去了，就别执着。硬要回到过去，只会徒增困扰。

人的缘分，本来就是一段一段的。一段一段地走，一段一
段地过。

时间是最好的解答

关系的维护需要双方都是健全的个体。

在关系里面，我们常单方面想象，期待未来的走向，殊不知，对方也有自己的方向，**越是以自我为中心，越容易让关系陷入僵局。**

想修补关系，要常去揣摩对方的需要，而不是计量自己付出了多少。但为了对方而失去自我，那也不是办法，因为关系的维护需要双方都是健全的个体。

关系会走向何方，只有时间能解答。

活在当下

我们所能做的，就是活在当下，做好现在能做的
事情。

我们常常想帮助那些我们深爱的人，可残酷的事实是，我
们常常无能为力，即使他是我们最亲密的人。

我们想给他所有的爱，但是也许我们所有的付出，都不是
他真正想要的。我们不得不承认自身的渺小，不得不面对自己
的无力感。

然后，我们所能做的，就是活在当下，做好现在能做的
事情。

有时候，不是我们做了什么，让他人靠近，而是我们自己
处在什么心境中，能让他人欢喜亲近。

珍惜当下的甜蜜，但别害怕失去

　　爱得深，就怕得多，如果没有先爱自己，就会怕失去，怕不可预知的未来。

　　被需要，是种肯定。

　　让意义牵引着关系，而不是单纯仰赖着情绪。跟着感觉走，有时会不知道走到哪里；跟着意义走，步伐会比较坚定。

　　我们享受着互动时每一刻的"现在"，那就不会有悔恨的"过去"，也减少了焦虑的"未来"。

　　爱得深，就怕得多，如果没有先爱自己，就会怕失去，怕不可预知的未来，怕那些莫名的惧怕，从而不知所措了！

如何面对误会

　　谋定而后动，误会他人或被他人误会，都是在考验自己的抗压性与临场反应。

　　误会他人或被他人误会，大概是所有人都曾有过的经历。诠释某件事的角度不同、立场不同，误会都有可能产生。

　　以我为例，我口笨嘴拙，尽管是好意提醒，但是时机不对，或者语气不对，就常容易被误会。有些话本来就很敏感，一说出口，十人中会有五人误会。

　　被人误会，我们会生气，或是急着想解释。事实上，处理我们的情绪，或是想办法让对方冷静，是必要的第一步。有时候，急着表达，会让状况越来越糟。

　　当我们冷静下来以后，头脑会比较清楚，调整呼吸，谋定而后动。误会他人或被他人误会，都是在考验自己的抗压性与临场反应。

　　活在现代社会，不得不学习管理自己的情绪，否则被误会也是在所难免的。

欢乐杀手

　　再怎么好的宝物，放在漆黑的房间，也不会显现出它
的好，还可能把人绊倒。

　　我曾经遇到过一位妈妈，坦白说，跟她讲起话来感觉很不
舒服。她凡事都作负面解读，不管身边的人告诉她多愉悦的体
验，她总是能说出瞬间冷场的话来说。欢乐杀手，她当之无愧。

　　可想而知，她身边的人，不管有事没事，都会离她一段距
离。可是，越是如此，这位妈妈就越想掌控身旁家人的大小事，
比如看他人手机、开计算机查阅邮件等，就算被家人当场抓到，
这位妈妈也不承认。

　　这位妈妈，因为这种个性，让自己跟家人都卷进负面情绪
的漩涡里。大家想逃离，她却抓得更紧。

　　再怎么好的宝物，放在漆黑的房间，也不会显现出它的好，
还可能把人绊倒。

真正的关心

　　关心出于同理心，先花时间了解对方，才有所谓关心可言。

　　关心，是通过某些行为，让他人感觉温暖、被支持。重点不在行为本身，比如写了几封信、打了几通电话、送了一些礼物之类，而是在意他人内在的感受。

　　如果我们关心一个人，反而让他不舒服、不愉快，感到受监视、不自由，那么，这种"关心"，就是我们的一厢情愿。

　　有许多人，关心中常带着刺，借由责骂来传达自己的关心。使用负面形式，还要别人有正面感受，这是相当难的。平时要多鼓励、支持，偶尔才责骂，对方才不致误会我们的良善本意。

　　当关心藏着依赖，我们会发现，原本要关心对方，但最后却不断抱怨着我们自己生活的种种，反而要对方付出他的关心！换句话说，名为关心，事实上，我们希望对方来处理我们的情绪。

　　"你都不关心我！"当不断付出关心的我们，常说出这句话时，我们就要思考，我们是单纯想关心别人，还是希望通过我们的种种举动，让对方也对我们付出他的爱？

　　关心，也常混着"控制"。当我们面对对方，大小事都想盘问得巨细靡遗，就会让对方想说谎隐瞒，这种状况就是控制。又比如，我们想付出关心，但常在互动中进行长篇说教，又不断重复，名为关心，实则不然。又比如给对方建议，但对方不听从，我们就生气，在这种情况下，关心的温暖气氛就会慢慢消散无踪。

关心，是为了别人；依赖、控制，是为了自己。关心给人正面的感受；依赖与控制，则让人感到压力，有一定能力的人才能应付。

有人希望被依赖，来感觉自己被需要，来确认自己存在的价值；有人希望被控制，因为他暂时失去了方向，需要一个稳定的力量指引，来走出迷茫。

不过，我们想付出，就要清楚对方需要什么，我们能给出什么。如果我们给得不明不白，那么到底是关心，还是依赖、控制，就连我们自己也搞不清楚了。

关心，如果拘泥在行为本身，就流于形式了。关心出于同理心，先花时间了解对方，才有所谓关心可言。

祝福大家，有能量付出关心，也能得到适宜的关心。

第四章

"有理"走遍天下

沟通时，让我们比道理，
而不是比力气、比情绪

每一件别人让我们感到不快的事，都能让我们更加了解自己。

—— 荣格

沟通的艺术

能够清楚表达自己的需求，又抱持着愿意接受协商和改变的态度，是沟通的基本条件。

我们能够清楚表达自己的需求，又抱持着愿意接受协商和改变的态度，是沟通的基本条件。然后，我们花时间听清楚对方的需求，展现沟通的诚意，就是一个好的开始。

想要沟通，自己也要做好妥协的准备。若只想要对方认同自己的想法，这是说服，或者命令，而不是沟通。

如果我们常跟某个人沟通不良，那么，想一下，我们对刚见到的这个人讲了什么话，是询问他事情吗？还是对着他抱怨？如果是不断询问与抱怨，那这个人一定很快便心生厌烦，这是沟通不良的重要原因之一。

如果是跟以自我为中心的人互动，即便不同意他的意见，也要抓住对的大方向来认同，然后，再进行细节的微调。否则，一开始就表达不同的意见，可能会被视为对他个人的批评，要达到沟通的目的就比较难了！

重启沟通前，要有把握，等到双方终于成熟到不再对彼此讲伤人的话才开始，这样容易有好结果。

沟通的三个层次

在生活中多注意沟通的层次，尽量花点心思，对彼此的关系是有帮助的。

人际沟通，可以分以下几个层次来看。

主观与客观

有时候，我们自己的认知，会跟他人的认知有一定的差距。譬如，有一个孩子觉得自己常做家务，但是妈妈不觉得。如果我们的沟通在主、客观之间有落差，就会"卡住"。

对心理师来说，刚开始建立关系，要先把主观的认知搞清楚，确定自己真的了解来访者的主观意图之后，再渐进地把客观的信息拿来谈。让主观与客观之间减少落差，人与人之间的互动会顺畅许多。

表面与潜在的含义

有的人，常搞不清楚自己真正想要的是什么。譬如，大人问孩子要不要出去散步，孩子说不要，可是真的出去散步了，没带他，孩子又会不高兴，因为他没办法正确估量自己的需要。

当然，当有些人的语言表达与理解能力较弱时，也会产生这样的现象。心理师必须通过晤谈，努力搜集来访者的相关资料，再加上自己对来访者的行为观察，判断来访者的真正意图是什么，然后思考，为什么自己的想法会跟来访者所表达出来的意思不同。

譬如，我对一个孩子说："你需要图画纸吗？"孩子说："不要！"可是明明孩子就快把手头的图画纸画完了，也没有停手的意思，而且离下课时间也还早。所以我猜，孩子可能是"现在"不想要，或是想彰显自己的自主性，又或是单纯讲错话。于是我采取了一个折中的办法，拿出图画纸，但不直接拿给孩子，只是默默地放在孩子目光所及之处，孩子要拿就可以拿到，不拿也没关系。

语言与非语言讯息

我们在沟通时最常关注的是口头讯息，但是讯息的表达还包括很多途径，如语气、眼神，以及行为等。所谓的"行为"，举例来说，一个人长久以来的行为举止，都在表达一种愤怒，可是，他在口头上却常说自己不在意，常"大声"地强调自己绝不在意。

对我来说，有时候我必须通过分析肢体语言，帮助来访者了解自己。譬如，有些人紧张的时候，特别是坐着时，会有类似踮脚尖的动作。

以上三个层次的沟通，互有重叠，只是我在工作的时候，已经养成一个习惯，要一次听懂来访者好几个层次的意思，据以反应。我常面对亲子、手足以及夫妻关系，因此要弄清楚每个人的意思，来协助他们互相了解，避免大家的理解落差太大。

我必须坦承，在我自己的生活中，我也没有办法总是付出这样的心力，总是专心地听另一个人说话。因为我也有自己的事要做，我也有自己的心情，没有办法完全设身处地考虑到别人。

当人与人之间沟通有困难时，当然需要调停人，他们有可能是长辈、主管、老师，也有可能是司法系统，还有些人会寻求专业心理人员的帮助。

不过，若能在生活中多注意这些沟通的层面，尽量花点心思，对彼此的关系是很有帮助的。

慢下来，给理性多一点空间

情绪会遮蔽话中真正的意思，让我们慢下来，给理性
多一点空间。

两个彼此喜爱的人，因为鸡毛蒜皮的小事吵架，让原本可
能是拜把兄弟，甚至是血亲的双方，最后因为愤恨，一辈子不
再相见。这样的情节，我们都曾有耳闻，或者可能亲身经历过。

其中一个原因，是我们给了情绪做主的机会，让理性退场。

因为工作的关系，我很容易见到人们争吵的景象，亲子、
手足、伴侣……都会吵架。久了，就会发现，情绪会遮蔽双方
话中真正的意思。

争吵通常带着怒气。当我们生气的时候，我们会挑对方说
得最难听的话来听，然后让自己更生气。当我们生气的时候，
我们讲出来的话，善意也容易变成恶意。

生气的时候，我们根本听不清楚彼此在说什么！

还有另一个因素是，我们互动的速度太快，大脑跟不上。

我们要听懂他人在说什么，需要一定的时间。有些感觉，
需要时间酝酿；有些决定，不可能马上想清楚，要经过调查、
分析，甚至征询他人意见，开会讨论。

可是，现代人沟通时，往往在很短的时间内就要响应，流
于反射性的表达。电子产品促成了这个现象，让讯息传递速度
快过"人心"。

急，听不到好话，又带着气，就容易出现伤人的话语。在

伤人与被伤的攻防间，双方之间的心墙越筑越高，因此断了情绪上的联系，只留下未处理的斑斑血迹。

让我们慢下来，给理性多一点空间。

无法澄清误会，就学习放下

很多情况下，误会确实难以澄清，如果没办法把误会澄清，就放下吧。

关于将自己的想法好好表达这件事，我一直在学习。对自己够不够了解，语言传达能力好不好，肢体动作、表情对不对，有没有考虑到表达的情境，都是影响能不能正确传达自己意思的因素。

当然，听我们说话的人是谁，他有没有预设立场，也很重要。

有些人常常因为词不达意、答非所问，在互动中与人产生误会。

另外，在双方语言表达能力都很好的状况下，偶尔还是会有"听不懂、讲不清"的现象，因而产生误会。

通常产生误会是因为讲的人与听的人都带着情绪。有时是因为讲或听的人，本身心智不佳，对自己的认识不够。

譬如，一个人因为工作的关系跟人吵架，回到家之后，余怒未消，碰到家人就大声讲话，将生气的矛头转向家人，引起家人不高兴，因此产生口头冲突。

又譬如，一个人常有挫败的感觉，他会主动"搜集"他人对自己批评的证据，哪怕一丁点儿也不放过，然后回过头来支持自己的挫败感。

再譬如，有些情绪或思考，需要比较多的时间酝酿，但是现代人比较急，话还没想清楚就说出了口，就容易说错。

被别人误会我们的意思，我们要学习解释。但是很多情况下，误会确实难以澄清，这有可能是我们的表达能力或对自己的了解不够，或是他人有预设立场，这时，就有可能出现越描越黑的现象。

如果没办法把误会澄清，就放下吧！不放下，不接纳，就难以找到新的立足点，重新开始。

戒吼戒骂

鼓励越多，偶尔的责骂就越有效；戒吼戒骂后，大家
都可以过得自在些。

在职场上，我遇到过很会骂人的上司，但同样地，也遇到过
在员工犯错时，能说理、不谩骂、给予鼓励，用指导取代责备的
上司。

从常理来说，鼓励越多，偶尔的责骂就越有效。

只是，有些人对被骂的容忍度天生就很低，这可能是生理
上的先天设定。譬如，听觉敏感或脑部恐惧回路反应敏感的人，
在被骂的时候，外在负面言语对他们来说有如雷轰。这对一般
人来说，恐怕是很难了解的。

正因为我们无法感受这些人因先天限制带来的困难，所以，
尽可能别轻易为他们贴上"草莓族"的标签。

社会风气的改变，也让年轻人越来越不希望被怒骂。这不
是哪一个人的问题，而是新时代总有新挑战，我们都要不断学
习、调整跟他人的互动方式。

我以前也会骂人，但在沟通技巧改善、观念松绑之后，就
觉得没什么好骂的。而且，戒吼戒骂后，大家都可以过得自在
些。只要愿意努力，就能有所改善。

如果一直说理也没效果，那么每个单位或团体都有相关规
定，该怎么办就怎么办，也不需要狂吼怒骂。怒骂过头，可能
还会有相关部门的介入，对彼此都没好处。

不必急在当下

跟人有关的事情，等情绪平复一点，再处理，会比较妥当，不必急在当下。

我们常常急着把事情处理好，所以会希望，在不当行为产生的当下，对方就能立即认错或道歉，如果对方没办法马上做到，就对他威胁或是打骂。

事实上，我们将心比心，如果我们自己正跟他人吵架而且理亏，能够在他人的几句言语后，就立即道歉吗？这实在不是件容易的事！

有时候，当对方认同了我们讲的道理，在情绪稳定的时候，认错或道歉的态度也会比较有诚意。在被逼迫的情况下勉强道歉，有时会流于敷衍，这时要我们接受，恐怕我们还不见得愿意。

跟人有关的事情，等情绪平复一点，再处理，会比较妥当，不必急在当下。

心灵排毒

负面情绪就像毒素，毒素没排出来，就会损害身体与心灵。

我是一位心理咨询师，常要扮演"超级垃圾桶"的角色。我必须吸纳来访者的负面能量，让来访者轻松一些，给予他的理智多一点空间。至于我，事后一定给自己一段时间排空情绪。

负面情绪就像毒素，毒素没排出来，就会损害身体与心灵，这在心理学研究中已经很清楚了。那么，从这个角度来看，我的工作就是在帮来访者做情绪排毒的工作。

有些人，从小没有跟任何人建立起沟通互动的习惯，什么事都憋着。憋着憋着，情绪就"卡住"了。因为没有办法沟通，外人也很难知道如何帮忙，只能想办法从对方的兴趣下手，从基本的互动开始建立关系。

您如果从小就憋惯了，也不知道怎么跟别人开口，那就从书写开始。不知道怎么写，可以从抒情文开始。如果连写抒情文都有困难，那就请把事件用时间串起来，写成流水账，然后在每个事件旁，加注一个情绪词，写一个最接近的就可以了。日久见功，再循序渐进到口语表达上即可。

换个角度来说，假如您刚好就是情绪表达无碍的人，您愿意听别人的抱怨吗？

如果您能够耐心听，又温和地响应，帮忙厘清他人的情绪，那真是功德一件。只是，小心别让自己的负面情绪满溢，让毒素伤人害己，因为这时无意中说出的话、做出的事，很可能对大家都不利，反而造成让人不乐见的反效果。

用理性修正情绪对话

情绪会让我们的思考减少弹性，把事情想得很"绝对"。

如果双方在沟通的时候，彼此都有情绪，就会听到类似的话："你每次……""你都……""你一点也没有为家里着想……""你只会……"

因为情绪会让我们的思考减少弹性，钻牛角尖，把对方想得很坏，把事情想得很绝对，于是就越来越气，不利沟通。然后，对方听到我们把话讲得很"绝"，情绪就比较容易爆发，更不利沟通。

这时候，如果我们修正自己的话语，不管是说出口的还是在心里想的，都会让我们的情绪更稳定，而多去争取些理性控制的时间。举例来说，我们可以这样修正。

原始版本

"你每次回家，都只在乎你自己，把孩子放在一边！"

"你都不关心我！"

"你一点都没有为这个家着想！"

"你只会说，不会做！"

修正版本

"你回家，常做的第一件事，就是打开电视，孩子找你聊天你也不怎么回应。"

"好几次跟你说我的困难，你也没说什么。"

"我希望先把钱拿去还房贷、交学费，还得存生活费，所以希望你不要买手机。"

"你这次的要求，在执行上不容易，如果没有其他部门的支持，我们没有足够的时间与人力。"

让我们学习修正对话，会更有利于沟通。

沟通前，先建设好自己

沟通前，问问自己，能不能面对自己的脆弱与缺点？

把自己建设好了，才具备良好沟通的条件。

沟通，要建立在相同的基础、双方的共识上，才能进行。

如果我们一遇到不利于自己的事，就开始否认、转移焦点、大声威胁，那么互动的目的，就变成了争一口气、维护自己的面子，难以解决问题。

就算暂时在气势上压倒对方，但留着的问题也一直没能完全解决，我们还要不断进行无意义的面子保卫战。

沟通前，问问自己，能不能面对自己的脆弱与缺点？如果连我们自己都没办法面对，自然在他人质疑的时候，会闪躲、游移。

把自己建设好了，才具备良好沟通的条件。

正向的自我对话

好好对自己说话，鼓励自己，把希望别人肯定自己的话，先对自己说一遍。

对人说难听的话，要看对方的修养，这些话语不见得那么容易对别人造成伤害；**但对自己讲难听的话，即使在心里默念未出声，也一定会伤害到自己。**

负面的自我对话，让自己情绪不稳定，也容易直接或间接让自己恐惧的结果真正发生。

好好对自己说话，鼓励自己，把希望别人肯定自己的话，先对自己说一遍！

相信美好的存在

　　我们永远尝试努力。我们看到丑恶，但也同时相信，
人类依然保有美好的特质。

　　我们对人保持正面的态度，但并没有忽略人类的丑恶。

　　我认识的某些人，就算再怎么努力，也很难跟他沟通。

　　我认识的某些人，婚前婚后的变化，大得吓人。

　　我认识的某些人，选择了离婚，我个人认为，他是想过办
法把伤害降到最低的，并非不信守那一生一世的誓言。

　　不过，这并不代表沟通不重要，或是结婚一定没好结果，
誓言可以轻易打破。

　　我们永远尝试努力。我们看到丑恶，但也同时相信，人类
依然保有美好的特质。

没有好情绪，就没有好沟通

我们要懂得排解自己的情绪，也要尊重对方排解情绪的方式。

这是一个我们常听到的故事。

爸爸在外工作，妈妈持家操劳。爸爸回到家，不但不帮忙做家务，还看电视、看报、喝饮料；妈妈开始跟爸爸讲孩子在学校的大小事，还有要交的水费、电费、煤气费、才艺班报名费。爸爸开始不耐烦；妈妈抱怨爸爸只关心自己，不关心这个家，还想买新手机……

其实，爸爸需要清静，妈妈需要支持，两者都没错。

柴米油盐，最是磨人，现代人生活压力大，大家的情绪互相激烈碰撞，没几个人受得了。我们要懂得排解自己的情绪，也要尊重对方排解情绪的方式。

我认识一位妈妈，这位妈妈喜欢聊天，每天至少要有一两个小时的聊天时间，她通过这种方式来纾解压力。我认识一位爸爸，这位爸爸喜欢独自做自己喜欢的事，也要一两个钟头。

传统的观念认为男女沟通的方式不同，造成彼此的认知落差。我则着重在情绪方面思考，认为"没有好情绪，就没有好沟通"。

花时间把情绪处理好，沟通困扰就能因此减少。

传达情绪前，请先思考

　　若希望对方思考，我们自己得先思考，而不是借着质问，传达自己的复杂情绪。

　　"为什么我说了这么多次，你还是搞成这样？"

　　如果有人常带着怒气对你说这句话，你会有什么反应？

　　如果你的心理素质强，可能会试着想防卫，争取一段时间，想想我们自己是不是真的有错。

　　如果你的心理素质不强，可能会恐惧，想逃脱，或者先表达歉意，再争取一些时间，想想我们自己是不是真的有错。

　　不管你是哪种人，不管你是不是真的采用上述的方式应对，当一个人带着怒气对着我们质问"为什么……"的时候，都容易激起我们的压力反应。单纯从生理反应来说，压力会促使我们采取"要战"或"要逃"的行为模式，而不是把心静下来，好好想一想。

　　但是，改善我们行为最重要且最基本的方法，就是想清楚犯错的原因，推敲出可能的解决办法。适度的压力会提供动力，但过度的压力，会让我们的大脑空间被情绪占满。

　　不管是学业问题还是社交问题，都要通过冷静的思考去进行较高质量的决策。比起质问，引导对方思考会更容易得到我们想要的结果。

　　如果同一个问句，问了一百次，得到的都是一样的答案。我相信，再多问一百次，也只是徒增双方的困扰。

当一个人问我问题的时候，我希望看到他对这个问题曾付出的努力是什么。如果一个人曾投入相当多的精力，但确实苦思不出结果，那么我们共同讨论起来就会棋逢对手，兴味盎然。

若希望对方思考，我们自己得先思考，而不是借着质问，传达自己的复杂情绪。

如何思考？把想法化为文字就是一种很好的方法，比如目前流行的心智图，它把文字工具的使用精致化、图像化。阅读相关书籍，跟有相同问题、处境的朋友讨论，也很不错。

当我们反躬自省，发现即便我们自己站在他人的立场，也没办法解决他人的问题时，我们就要学会谦卑与包容。懂得谦卑与包容，能让对方跟我们一同思考，而非防卫、退却。

停止无建设性的抱怨

能解决的问题，就动手改善；不能解决的问题，就学习消化自己的情绪。

适当的表达，可以让他人更清楚我们的想法，也能宣泄情绪。但是不断抱怨，又没办法改善现状，只会让自己的心情更不好，也让旁人的心情沉重，产生更多令人抱怨的困境。

有时候，抱怨是为了表现自己更优越。有时候，抱怨是想要更多人认同自己。有时候，我们通过抱怨，暗示我们想被帮助，但明讲怕被拒绝。有时候，抱怨代表我们心有不甘，想反抗又不敢行动。然后，习惯成自然，抱怨变成了我们后天培养出来的反射动作，情绪稍微低落的时候，就容易出现。

能解决的问题，就动手改善；不能解决的问题，就学习消化自己的情绪。坐而言不如起而行，行动才能让抱怨变成改善我们生活的重要力量。

有个小技巧，抱怨一次，就实时记录一次，如果有时间写下抱怨的内容更好（放在自己看得到的地方就可以了），有空就翻阅，虽然没办法在短时间内就不再抱怨，但对于减少抱怨的次数，还是有些效果的。

减少纷争，让自己更好

淡定，才有利于看清冲突事件的全貌。

我们如果对某人有气、有情绪，那么，就算他讲的话再有道理，我们当下也没办法心服口服。

常保心情平静，才能把对方的话听进去；带着强烈的情绪，于事无补。

减少纷争，才能让自己更好。

淡定，才有利于看清冲突事件的全貌。

排空焦虑，理智沟通

要沟通，得先排空焦虑，才能用理智好好讲话。

用情绪讲话，就会不断表达我们的担心与紧张，即使对方已经回话了，我们还是会重复地问同样的问题。当我们反复询问同样一个问题时，我们要的可能不是答案，而是想借着这种方式，或者借由他人，降低我们即将溃堤的焦虑水位。

因为这种讲话方式常常是因为情绪已经满溢，想通过语言找出口。极度焦虑的时候，连思考都很混乱，连自己的本意都讲不清楚了，如何沟通？

除了反复问同一问题，也有人一紧张，就一直专注在细节上，让人抓不到重点，也渐渐失去耐心。还有人一紧张，身体就不自主地动来动去，甚至起身走来走去，让对方也跟着紧张起来。更有人一紧张，就感觉胸闷、头痛，甚至喘不过气来，连讲话都有困难……

要沟通，得先排空焦虑，才能用理智好好讲话。

沟通的大敌

互动时别用威胁的语气，尽量使用鼓励的方式。

所谓的"评价式沟通"，指的是在描述一件事的时候，常给这件事做概略性的评价，特别是负面评价。例如，父母对孩子说："你的思考有偏差！"

我自己认为，更好的替代说法是："你认为老师在找你麻烦的时候，要注意，老师是不是也这样说班上其他小朋友？如果是，那就可能是老师在对全班训话，而不是针对你，不是只骂你。"

而所谓的"命令式沟通"，具有较为强烈的"上对下"含义，权力较大的一方，常会语带威胁与否定。例如，主管对员工说："你如果再做不好，下个月就不用再来了！"

我自己在和他人互动时会特别注意，不用威胁的语气，尽量使用鼓励的方式。

真正的赞美

赞美是表达爱的方式，是表达"我就是喜欢你"的
感受。

要表达我们对他人的喜爱，并非一定要使用铺天盖地的赞
美。空泛或敷衍的鼓励、不符事实的肯定，以及评价式或条件
式的赞美，往往会起到反效果。

尤其是评价式或条件式的赞美更是如此，譬如："你还可以
更好，满足现状就会退步。""你比你的朋友小乐好多了，你都
能照着大人的话去做，小乐就太叛逆了，他和你比起来，就只
是运动神经好一点而已"。……

这样的赞美，对方或许能感受到快乐，但那也只是暂时的。
焦虑，恐怕才是平时的情绪基调。

因为，这样的赞美隐含着"你要完全符合'我'的期待，
才能得到我的爱或认可"。尝试以爱之名，捆绑对方，对方就必
须努力去追赶，以迎合或进入自己为对方设定的框框。

假设 A、B 两人在互动中，A 一直做不到 B 的要求，则 B
的期望就会转成失望，即使 B 不特别讲什么，A 自然也能感受
到，就会累积许多无法得到认同的挫折感。反之，如果 A 做得
到，他也很难松懈。这样的互动关系，也是紧张的。

赞美，一定会慢慢影响他人，但不能作为控制他人的工具。
赞美是表达爱的方式，是表达"我就是喜欢你"的感受。越深
刻的关系，越该赞美。

让我们将思想解套，尊重他人本身的气质与天赋，了解生存原来可以有很多种方式。

　　这个世界，不是脱离了自己的控制或预期，就会陷入混乱。

旁观者的冷静

要抽离自己的情绪，可以利用"第三者观点"。炽热变冷静，只要转换成旁观者身份就可以。

朋友和伴侣沟通事情，常常以吵架收场，他总是懊恼地说："我也知道不需要这么严厉地对太太说话，可是，在那会儿，我就是控制不住！"

情绪上来，理性思维的空间就少了。这时，要抽离自己的情绪，可以利用"第三者观点"。可以问自己："如果是我的朋友发生这个状况，我会怎么提供建议？""如果有一位修养很好的人，遇到这个状况，他会怎么做？"

炽热变冷静，只要转换成旁观者身份就可以。正所谓"旁观者清，当局者迷"。

"有理"走遍天下

除非我们要传达的就是"情绪"本身，不然，就让我们比道理，而不是比力气、比情绪。

当我们说话带着情绪时，某种程度上，会激起接收讯息者的敌对情绪。我们想要传达的讯息本身，就可能变得模糊。

譬如，当我们带着极大的怒气讲道理，除了道理可能讲不好之外，对方也可能因此酝酿着怒气或恐惧，思辨的能力自然也就降低了。

除非我们要传达的就是"情绪"本身，不然，就让我们比道理，而不是比力气、比情绪。

有理走遍天下，这还是目前社会适用的生存法则。

"理直气和"

传达事实很重要，但用什么情绪传达，更重要。

我们描述一件事，往往有两个层次可以探讨："事实"与"情绪"。假设，我们传达一件事，本身是事实，但是情绪不对，或态度不对，便会影响接收者的接受度。

比方说，我们发现对方的错误，除了当场指正，还破口大骂，这会让对方没面子，让对方下不了台，这就是"得理不饶人"。在这种情况下，对方注意到的是你的"态度"，而不见得是你想传达的事实。

又比方说，交警执法，对我们开了罚单。交警尽管在法律上站得住脚，刚开始我们可能也觉得有些羞愧，但他开单后，又高分贝地训斥我们一顿，我们就有可能恼羞成怒了！

所以传达事实很重要，但配合什么情绪传达，更重要。就算我们说得对，但夹带着过多的情绪，容易让听者转移焦点，把注意力放在说者的情绪上，从而降低了事实传递的效力。

所以**我们要学会"理直气和"。对方有错，好好说，这样效果最好，也适用于所有关系。**

坦白说，当我们说话时夹杂了太多的情绪，连本来想说什么都可能会忘记，有时候甚至连话都讲不清楚。总之，情绪过多，讲话会越扯越远。

"理直气和"，似乎是现代社会很需要努力的方向。但是或许我们应该先从家庭教育开始，如此，起码家里的人会过得开心点。

接纳自己和他人有犯错的可能

一个人首先要愿意接纳"每个人都会犯错"这个基本常识，才有接纳自己也会犯错的可能。

有一种人，对我们做了不好的事，有可能哪天良心发现，或者迫于形势不得不低头道歉。

"我不应该这样，对不起，但是……"接着再对我们补上一枪，比如："但是你也不应该……""但是你以前也……""但是这也不是我的错……"

这样的道歉，有时候比不道歉更令人生气。慢慢地，这种人只会把身旁的人越推越远，原本好强的面貌，又再涂上了一层寒霜。

所以我常跟当事人讨论，道歉时要诚心，要有虚心受教的眼神与肢体动作。

如果人家接受，我们感谢他的宽容；如果人家不接受，我们也感谢他给我们解释的机会，千万别恶言相向。既然都道歉了，还显得不甘愿，这有可能反而坏事。

一个人首先要愿意接纳"每个人都会犯错"这个基本常识，才有接纳自己也会犯错的可能。

我们都不想犯错，但既然事情已经发生了，就算我们自己不放过自己，也于事无补。放下对自己的批评，诚心修补与他人的关系，解决问题并改进，比不原谅他人和自己更有建设性。

尊重别人的情绪体验

情绪是主观的，让我们学习尊重每个人的体验。

曾听过一对情侣之间的对话，男孩问女孩："今天开不开心？"女孩说："不开心。"男孩接着又问："为什么不开心？今天带你去吃大餐，又买化妆品给你，'应该'开心！"

其实，情绪是主观的，让我们学习尊重每个人的体验。

当我们认可了他人的体验，便可以此为基础，再继续我们之间的互动。譬如，"什么事让你不开心？""做什么可以让你开心一点？"

如此，让对方多认识自己一点，我们也可以多认识对方一点。然后，借由这样的对话，引导彼此思考，练习情绪管理的技巧。

人与人之间的负面情绪或许让我们受挫，但请面对我们自己的情绪，如此，才能知道怎么面对别人的情绪。

书写的好处

书写能让自己想得更清楚，还能宣泄情绪，有时也会得到一些精神上的支持。

和他人沟通，除了口头表达的方式之外，还可以用书写的方式。书写的好处很多，因为它不像讲话，很快就说出口了，如果话中还夹带负面情绪，就容易让人不高兴；反之，书写让我们有时间"想清楚"，再落笔。

而"想清楚"，正是解决许多困难的核心方式。把萦绕在脑中的忧思和烦恼，流泻在白纸或屏幕上，化为文字，大脑运作起来自然轻松些。

书写作为一种"自疗"工具，回溯生命旅程的来时路，用更温和的方式，跟过去的眼泪讲讲话，让以前流过的泪把背后的故事说清楚，然后缓缓擦拭，带来让我们惊喜的礼物。

平时我自己有空就会赶紧把心得、牢骚记录下来，也鼓励身边的朋友试试看，因为书写能让自己想得更清楚，还能宣泄情绪，有时写在社交网站上，也会得到一些精神上的支持，可谓一举数得。

长期冷战的负面效应

长期处在冷战中，正面情感会一点一滴被消磨，对关系具有根本性的破坏力。

冷战，虽没有明显可见的剧烈冲突，却是生气的一种状态。

暂时处于冷战中，是种保护，保护关系不会太快崩坏。

可是，长期处在冷战中，正面情感会一点一滴被消磨，等到我们感觉累了，情感基础也就被锈蚀得差不多了。

在人际关系之中，常用冷战对待他人，不主动解决问题，不是一件好事，如果另一方也无力处理，那么关系只会恶化。请千万警惕冷战的负面效应，它对关系具有根本性的破坏力。

自我肯定的对话

　　自我肯定，要具体、清楚，能够抓住目标，化成行动，不能只靠空泛的情绪煽动。

　　我习惯用自我对话来谈内在认知。我相信，我们大脑中快速掠过的句子，可以被选择与控制，虽然不一定是全部。而那些内心对话，无论有没有被意识控制，都对我们有不同程度的影响。

　　所以，我们可以试着尽可能掌握我们内在的自我对话，将其纳入意识控制的范围。即使无力控制，将其留在意识层面也好，我们观察其动向，体验自我对话如何影响我们的情绪与行为，自然就能慢慢掌握一些控制的自主权。

　　此外，我们需了解，我们对于过去的诠释，以及现在发生的现实（假设存在的话），会通过自我对话形成一种主观的世界。这也就是说，一切存在于我们内心的观念和认识，可能只是我们的自我对话描述的范围而已。

　　譬如，有位朋友担心惹我们伤心，所以对我们说谎。我们因而告诉自己："这种说谎的朋友，不交也罢！"我们并没有意识到朋友的善良用意，那么随着我们对朋友的疏远，他便没有什么解释的机会，我们也通过自我对话，建立了我们主观的个人世界。

　　通过自我对话，我们可以提起或放下我们的责任，比如："他激怒我，我只好打他，别无选择！"

这是把责任放下。

或者是："我让他有激怒我的机会，然后我选择打他作为回应！"

这是提起了我们的责任。

我们越是采用"放下责任"的自我对话，就越会感觉到自己失去了控制，无力感会越来越强烈，好像一切都被别人决定，自己只是任人摆布的棋子。

如果我们有比较健全的心智，我们可以如此自我对话，比如："我刚刚工作太久，眼睛酸了，所以起来动一动，放松一下，嗯，果然好多了。""快走了半个小时，让思考更清晰，也降低了一些焦躁，还不错。"

有时，我们可以使用自我肯定表达的句型，例如我常提到的"我讯息"。不过，重点在于引导自我负责，或积极面对自我对话的态度，而不只是改变我们讲出来的话而已。

自我肯定，要具体、清楚，能够抓住目标，化成行动，不能只靠空泛的情绪煽动。过度沉溺于暂时性的情绪煽动，容易"五分钟热度"，且方向飘浮不定。

我们的过去，让我们形成了某些引导注意力的习惯，形成了我们部分的人格。而这些习惯，会在未来的日子里，持续强化与稳定我们的人格。

比如，我们觉得没有人欣赏我们，然而，当我们偶尔被称赞的时候，我们可能会想："那应该是一种社交用语，他不见得这么想。"我们会因此马上忽略这句称赞的话，如此，便坐实没人欣赏我们的想法。

要同时接收到所有的讯息，那我们就要刻意在自己独处的时间里，把他人对我们的称赞多想几遍，或者写下来。全面观照，方能更清楚自我的轮廓。

当然，如果我们是自我感觉良好的人，也可以依此法练习。重点不是要让自己骄傲，而是要开放自己的注意力，让自己不至于偏执一方。

第五章

家庭是一门值得
投资的幸福经济学

行程少一点，幸福气氛多一点

　　我想要爱你，而不会紧抓着你；欣赏你，而不带任何评判；
与你同在，而没有任何侵犯；邀请你，而不强制要求；离开你，
而不会有愧疚；指正你，而非责备；并且，帮助你，而不让你感
觉被侮辱。如果，我也能从你那里获得相同的对待，那么，我们
就能真诚地会心，然后，丰润彼此。

——家族治疗大师　萨提尔

不是"牺牲"，而是"选择"

接纳了时空因缘的必然，就能理解，一切，不过就是我们分分秒秒的"选择"。

在十倍速时代，我们还搞不清楚状况，就被催赶着要付出。例如孩子刚出生的时候，我们还没准备好，自己的时间就一下子变少了，常为了孩子请假，不管做什么脑中都要想着孩子……这时对婚姻的满意度通常一下子就跌到谷底。有些新手妈妈这样说："我觉得我没有自己的生活，我快疯了！"

不断地付出，又没办法立即看到成果，只会让人感觉到疲累与灰心。这时，我们会觉得我们正在"牺牲"。

觉得自己在牺牲，就会开始责怪。怪东怪西，怨天怨地，过去、现在、未来，自己、他人及世界，什么都可以怪，什么都不奇怪。

少数人陷入僵局逃不开，大多数人的生活总是起起落落地循环。当我们走过一段路程，进入暂时的平缓区，能够喘息，再回头看，接纳了时空因缘的必然，就能理解，一切，不过就是我们分分秒秒的"选择"。

从"牺牲"走到"选择"，这一路心态的转换，就是我们所要体验的感觉。**人生只有一个终点，到终点前都是过程，这过程，就是我们一步一步踏实走着的路。**

每一次落下脚步，就找到了我们的目的地。每一个目的地，都延伸到属于我们的意义。

当情人前，先学着当朋友

一个不懂得当好朋友的人，通常需要花许多力气与时间，才能成为好情人。

当我们有强烈的情绪体验时，常能从中找到自我。缴了学费，就要想办法学点东西。失恋很难过，但不表示我们失去了生存的意义，当我们从中发现自己人格的其他面是如何影响了亲密关系时，才能在下次要重复同样的剧本前，及时刹车，改写剧情走向。

旋风式的追求，如暴风袭来的浓烈爱意，可能也隐含了极度以自我为中心的危险信号。人，永远不会是另一个人的财产或所有物，当有人这样认定我们，或我们这样认定他人，都要考虑维持这种关系的必要性。

一个健全的人，能够自我满足的人，才能获得相扶持的友谊与爱情。一个不懂得当好朋友的人，通常需要花许多力气与时间，才能成为好情人。

"当一个人不愿意改变时，我们外人使尽全力也难以让他改变"，这是我这几年的小小心得。如果一个人有许多致命的缺点，而我们抱着改变他的希望，勉强停留在让我们疑惑的关系中时，请想想前面那句话。改变另一个人，对任何人来说，包括以心理工作为终身职业的专业人员，都不是件容易的事。

当情人前，先当朋友吧！

也请为人父母者，从帮助孩子建立人际关系开始，为孩子的幸福婚姻打底。学习亲密关系的相处之道，原生家庭中的父母是最好的榜样。

别让"爱"变成"害"

保护要适当，守住清楚的界线，"爱"就不会变成
"害"。

"妈宝"，这个词最早在博客中开始使用，描述在婚姻状态
中，如果丈夫跟母亲的联结比跟太太的更强，那么这样的丈夫
就是"妈宝"。

但是到了现在，媒体使用"妈宝"这个词的定义范围不断
扩大。基本上，只要妈妈偏向宠溺式的教养风格，就可能会用
到这个词。

妈宝，刚开始用于定义一种母子关系，延伸来说，在女儿身
上也适用。理论上，爸爸如果是主要照顾者，"爸宝"当然也有可
能。不过，现在养儿育女的工作，仍主要由妈妈负担。

通常从家庭的角度来说，两代人之间的界线不清楚，就容
易有这样的现象。譬如，单亲家庭、父亲长年在外工作、家暴、
父亲在外另组家庭、父亲极无能等，母子或母女必须结合起来
共抗压力，不管是在一般生活层面还是情感层面。但是这种过
度紧密的联结，如果在儿女组成另一个新的家庭单位时，没有
将状态调整过来，就容易造成新家庭要面对的课题。最严重的
结果，当然就是以离婚收场。

这里又可粗分为两种情形：儿女的依赖性太强，妈妈的控
制欲太强。这种过于紧密的关系，通常在人格养成的小学阶段，
就可粗见雏形。

儿女的依赖性太强，换个方式来说，就是独立性不够，事事要依赖妈妈，小到家事，大到自己的情绪、人际关系。进入婚姻后，跟妈妈谈心的时间，比跟配偶都多。有些对配偶的不满，甚至转由妈妈传达，或者直接引述妈妈的负面言语，想让配偶"就范"。儿女自己的怯懦、无担当，让婚姻陷入危机。

妈妈的控制欲太强，可能表现在帮孩子代写功课，或即使孩子不愿意，也要跟着去参加孩子的同学聚会。孩子没有隐私可言，生活细节常被询问得巨细靡遗。孩子从小无力抵抗，也就习惯成自然。对于孩子婚配的对象，妈妈的意见很多，即使孩子和女婿或媳妇组成了新的家庭，妈妈却依然想要成为主导，而且借由贬低孩子的配偶，来彰显自己的重要与价值。孩子以"孝顺"为名，怕妈妈生气，要求另一半配合顺从，让另一半苦不堪言。

严格来说，母子或母女的联结太强，并不等于母亲的教养方式一定偏向宠溺。但是，可能是现代父母的补偿心态所致，宠溺式的教养风格屡见不鲜。

母子或母女的关系亲近，是非常好的事，但是如果同时能注意到几件事，孩子就不太容易成为"妈宝"。就算关系亲近，也会是很健康的状态。

首先，妈妈应该调整自己的心态。我们必须察觉，早期形成的强烈联结随着时空环境的调整可能不再适合，应有所改变。有时，妈妈看到自己的孩子谈恋爱或结婚，会有比较强烈的被遗弃感、不安全感，有时还可能会有明显的妒意。此时，我们要理性面对，认识到**帮助孩子成长，本来就是不断放手的过程**。

要孩子幸福，就是要让他长大。一个独立的孩子，将来成了有能力面对人群与工作的成年子女，会更有资格谈孝顺父母。

妈妈要做的是，学会把对孩子的爱，随着孩子长大，慢慢转移到自己身上。自己找有兴趣的事来做，整理自己的生命故事，从自己还是孩子时，一直到自己有了小孩……这个过程需要一段时间的反复梳理，但请别轻易跳过。如果能扎扎实实地重新认识自己，便能找到往后十年、二十年间属于自己的目标。

当孩子大了，我们可以回头想想，跟另一半的关系，还能找到友情的味道吗？如果能做朋友，那就试着聊聊。若只是因为承诺而相守，那就可以勇敢地做决定，是否该继续描绘几十年前帮彼此规划的蓝图？人是会改变的，几十年时间过去，一个人跟我们当初认识的他，可能会有很大的不同，就像我们自己也可能会有很大的不同一样。共舞的节奏生疏了，总要温习，或者，曲终人散，也是一部分人的选择。

家庭的剧本，会一代接着一代写下去。如果我们没及时醒悟，那么，另一个关于"妈宝"的故事，就会在下一代形成、展开。自己觉察到了，可以悬崖勒马，也别让孩子重蹈覆辙。

对于孩子的教养，爸爸与妈妈都有责任。当我们看到另一半的教养方式欠妥（比如过度宠溺），自己明显不认同，别急着退却与放弃自己的角色。

其次，让孩子学会做家务。生活自理能力需要练习，熟能生巧。其实孩子从会走会跑开始，有些事情就会想自己尝试。现代生活太赶太忙碌，大人等不及孩子把事情做完，就自己接手来做，让孩子缺少练习的机会，十分可惜。孩子一定会有许多错误，我们大人别急、别苛责，许多次的错误，才能累积一次的成功。

从抗压性的角度来谈，让孩子自然地面对失败，然后经过鼓励，增加成功的机会，可以磨练出对挫折的免疫力。"妈宝"的抗压性，通常是令人担心的地方。从小在生活中训练，是最自然、最不费力的方式。**父母应该传授给孩子知识，别以爱之名，反而让孩子一无所获。**

最后，教给孩子人际互动的态度与技巧。待人处事的示范，是父母能给孩子的珍贵的无形资产之一。妈妈还有太太、媳妇、女儿、朋友等角色要扮演，全然专注在孩子身上，必然排挤扮演其他角色的时间。那么，除了可能造成自己的某些关系的紧张外，也少了在孩子面前示范、让孩子学习的机会。

孩子一出生，就有属于他的处境要面对。大人像教练，事前教、事后讨论，除非不得已，别亲自登场当球员替孩子竞争。场上碰撞会带来的负面情绪、大人亟欲替孩子除之而后快的问题，可能正是孩子应当吸取的养分。

妈妈的保护要适当，才不会让孩子变成"妈宝"。妈妈做自己，鼓励孩子在生活与人际交往上独立，守住清楚的界线，"爱"就不会变成"害"。

值得投资的家庭幸福经济学

行程少一点，但幸福气氛多一点，这门家庭经济学，值得父母学。

我脑海中理想的家，是可以安心停靠的地方。家人彼此支持，少争吵；相互鼓励，少责备。每个人都能自在悠游，又不损及他人的舒适。沟通顺畅，能谈心，一同面对属于家庭的问题，大家一起成长。

可惜，现代社会给家庭的压力太沉重，很少有家庭能够过得如此美好。

首先，社会气氛鼓励消费。出国旅游、3C 商品、在线游戏等，是广告的主调，社会正用金钱定义何谓快乐的生活。广告上的商品越来越贵，但薪资没有随之增长，家庭负担加重，因物欲产生的家庭问题与日俱增。

约两成台湾家庭的孩子，正为了上网、打电动的时间，跟父母激烈拉扯。年轻人崇尚高价的消费品，远高于自己的消费能力。社会新人的薪资低迷，许多人宁可在家啃老，或者延迟毕业、继续升学。离婚率不断飙升，金钱观的差异是重要原因。

其次，步调过快，社会风气焦虑、混乱。电视台为了抢收视率，每日放送负面新闻，媒体名嘴用词极端。孩子们有样学样，自然引爆家庭冲突。

教育方式不断改革，但补习班、才艺班只增不减。大人忙接送，小孩忙打转，要求越来越多，亲子沟通时间越来越少，还有 3C 商品凑一脚，让家人之间缺乏交流。

我想起我小时候的家，那时虽然家中经济状况不佳，父母常在各个夜市摆摊，也少有度假游玩的机会，但家人常一起工作，孩子放学后就回家，加上补习少、电视看得不多，互动时间就长。父母虽然不懂得轻声细语，可是常在上工、收摊时，唱歌、聊天。父母尽管也争吵，但总能考虑到孩子们的处境。

像这样普通的家庭生活，在现在似乎是奢望，大半家庭中的亲子互动时间，说不定还不到我们当时的一半。行程少一点，但幸福气氛多一点，这门家庭经济学，值得父母学。

追寻属于自己的意义

意义，是要去寻找的，要花些力气不断地问自己：
"我为什么想要这么做？"

我很喜欢被信任的感觉，我喜欢我有能力去帮助我想帮助的人，而不是只能在一旁看着感叹。我工作除了为赚钱糊口外，还想找到属于我的意义，这样才能持续投入热情。

意义，是要去寻找的，要花些力气不断地问自己："我为什么想要这么做？"如此，工作时才不会感到无奈、无力，才能抵抗工作中必然面临的倦怠。

我认识一位老师，他工作了十几年，身心俱疲，工作热情被磨得差不多了。他只求不出事，能安稳退休。这时，如果这位老师还没在工作上找到属于自己的意义，要熬到退休，还真是不容易。

不是每个人都适合从事公务员及教师的工作，即使工作有保障、福利多，但只要无法让自己感到有意义，那我们就得思考，还有其他什么事是我们觉得有意义的，然后试着鼓起勇气去做。不然，我们就容易感到空虚、茫然。日子一天一天过，我们只会感觉到内在的烦躁不安，且不断累积。

同样，我们面对亲子工作，也必然有不少压力。面对"我们是为了什么生养孩子"这件事，**我们必须经常自我探索、提醒自己，如此，才能做得心甘情愿，虽有苦也不埋怨，感觉是甜蜜的负荷。**

如果您找不到为什么要这么劳累地承担父母角色的意义，可以试着用一个礼拜甚至一个月，每天晚上，想想孩子今天可爱的地方、进步的地方、说了什么有趣的话。

　　我想，通过这样的方式，应该可以很快找到属于自己的意义。

用好情绪抵抗消费文化

平常保持良好的情绪，能够抵抗物质的诱惑。

求学时期，我有一位朋友，他在家里发生重大变故之后，就开始在出门时随手买小东西。毕业时，他欠了十万元以上的卡债，还听其他同学说，曾借给他五万元。

我还认识一个孩子，她在小学以前，就已经买了二十万元以上的美少女战士相关商品。以前社团的伙伴常戏称这个孩子是"购物女王"；孩子的妈妈则说，有一段时间，每天送她上学的路上就要买东西给她，要不然很难安抚她的情绪。

那些东西其实也不见得是生活必需品。我常听说，有些人爱买东西，夸张到有些东西甚至一直没开封，买回家就放一边，或者收纳起来，对这些东西根本不需要，连欣赏都谈不上，然后再继续买新东西。

我想，他们是为了得到一种感觉吧，一种在买东西的当下产生，但又持续不了太久的感觉。

我曾经看过一则报道，说是研究发现，人在购物前，大脑内的神经传导物质多巴胺的浓度会增加，因此会造成兴奋的感受；但购买后，多巴胺浓度下降，因此当事人常有后悔的情绪。此外，现在的广告也不断刺激我们消费，然后我们要更辛勤工作，才能获得媒体所营造的理想生活。

要解决问题，就要从情绪本身下手。平常保持良好的情绪，能够抵抗物质的诱惑。多接受自然界的刺激，放慢脚步，多感受行、起、坐、卧的美好，珍惜家人的关心，如此，或许能阻挡主流消费文化入侵我们与孩子的大脑。

以爱之名，学习放下

对爱的不安全感，人人都有，只是，以爱之名，我们
要学习放下。

我曾碰到过一位妈妈，她对着孩子说出这样的话："我是主
要照顾你们的人，为什么你们却比较喜欢爸爸？"

尽管孩子紧张地摇摇头，她依然执着于自己的看法。

对爱的不安全感，人人都有。我爱的人，如果不爱我，这
样的难受，谁都能体会。

只是，以爱之名，我们要学习放下。孩子喜爱的人越多，
他就会越快乐，即使有一天，孩子的最爱不是自己了，但是，
**看着孩子快乐，尽管他或许不是因为自己而高兴，但我们依然
诚心为他祝福，这才是长长久久的爱。**

学习爱一个人，要先问问自己，准备好爱人了吗？

做好被讨厌的心理准备

如果我们能做到即使被讨厌也能够平静对待，那么，
我们才能用理智做事，做我们觉得对的事。

人一定要被喜欢、受欢迎，才有价值吗？

常常这样想的人，一定很害怕他人的批评，会畏首畏尾，
不敢放手做对自己有意义的事。

有个孩子，以前非常喜欢我，但后来他有了其他喜欢的对
象，甚至有一阵子，我怀疑他开始讨厌我了。也许是因为在团
体里面，我必须在表面上表现出对大家都公平的样子，没办法
给他特殊待遇，他的不安全感得不到缓解；又或许，他觉得被
冷落，所以对我的态度开始有所改变。

不过，就算他怎么发脾气，对我讲怎样难听的话，我都保
持心情平静，做我该做的事。我用我的稳定，让他渐渐稳定。

我曾跟一位家长提到，我们要有"被孩子讨厌的心理准
备"。如果我们能做到即使被孩子讨厌都能够平静对待，那么，
我们才能用理智做事，做我们觉得对的事。

在我的工作场合，经常能看到父母在我面前展现对孩子不
求回报的爱，这也是激励我工作的动力之一。我们当然都需要
不断改进、调整跟孩子互动的方式。但是，不论我们的管教方
式适不适当，家长为了孩子好，都会坚持对孩子做有益的事，
即使被孩子破口大骂，也会依然坚定地走着前方的路，光是这
一点，就非常令人感动。

我曾经遇到过一个聪明的孩子，他说的每一句话，都像利剑一般刺向妈妈。妈妈常反应不及，只得不断调整自己的情绪，虽然心里负伤，但依然稳稳地从口中说出自己对孩子的关心。

　　今天，我听到那孩子带着气愤，对妈妈说："臭老妈！"我由衷佩服为人父母的那份坚强。

　　如果被人批评很可怕，那么，被自己心爱的孩子批评，就更难受了！

　　不过，家长还是不顾伤痛向前，以爱之名，如此勇敢。我们该学习这样的精神，**被人批评，平静对待，然后继续做有意义的事。**

放手让媳妇做好妈妈

带孩子不只是母亲的责任，大家相互体谅，才会有和谐的家庭气氛。

我最近认识一个朋友小如，这几个礼拜常看她眉头深锁。有一天，我终于忍不住问她，她告诉我她家里有本难念的经。

她有两个可爱的孩子，跟公婆同住。先生常在外地工作，所以当媳妇的不但要兼顾工作与照顾小孩，还要侍奉公婆。

公公是大学退休教授，专长在教育领域，所以对如何教养孩子很有自己的想法。他崇尚爱的教育，因此有一条铁律："不能让孩子哭。"这下可让小如为难了，因为小如是主要的教养实践者，要工作，同时也要带两个孩子，不太可能事事顺着孩子，不让孩子哭闹。

为了不忤逆公公，小如一回家就跟孩子锁在房间里面，怕公公听到孩子的哭声。孩子年纪小，还不懂事，有时不想吃饭，只想看电视，不做其他事，妈妈稍一坚持，孩子就哭哭啼啼。

没想到，有一次孩子哭不到半个小时，公公就在外面猛敲门。小如只好开门，公公说："如果你再不开门，我就要打家暴专线，说你虐待小孩，请警察过来！"小如为了平息公公的怒气，也顾虑到孩子在旁边，只好先跟公公道歉，然后顺着孩子的意，暂时平息了一场风波。

小如身为媳妇，一根蜡烛多头烧，常感到疲惫、无奈，偶尔请先生帮忙带孩子，先生也不愿意。请先生去跟公婆沟通，又没有明显的效果，因为先生的教养哲学，也是要顺着孩子。小如只好一有空就把孩子带出门，免得大家又闹得不愉快。

我猜想，就算是爱的教育，也不会在孩子不懂事的时候，事事顺着孩子。也许是因为，老人家怕孙子吵，又心疼孙子，体会不到媳妇的辛苦。

我劝小如，如果经济许可，先考虑放弃工作，否则自己的情绪每天紧绷，也影响到孩子。不管是先生还是公婆，都不是一两天就能改变的。小如说："工作是我很重要的成就感来源，不到万不得已我不会辞职！"

我了解这种感觉，只能期待孩子上学后，小如会有喘息的空间。我也奉劝长辈还有做先生的，职业妇女很辛苦，我们要将心比心，带孩子不只是母亲的责任，大家相互体谅，才会有和谐的家庭气氛。

给出最适合的爱

当我们时时觉察，反复在互动中思量，我们才能真正
看清自己的需求、对方的需求，然后，给出最适合的爱。

不太能自我觉察，或者情绪没有整理清楚的人，给他人的
爱，常带着些许苦涩与酸楚。

原因是那爱里面可能夹杂着生气、焦虑、后悔。这些负面
情绪的来源，可能是未完成的事务，包括过去始终未处理的强
烈情绪，或是目前无法消除的不满。

譬如，家长若常感觉自己的社会地位低，被人看不起，就
会倾向于从小苦心培养孩子，要他朝自己设定好的高社会经济
地位、被人尊重的职业迈进——即使孩子根本没有足够的能力，
或从来就没有那方面的兴趣。

当我们时时觉察，反复在互动中思量，我们才能真正看清
自己的需求、对方的需求，然后针对对方的真正需求，给出最
适合的爱。

为人父母是一趟寻根之旅

为人父母的过程，好像在找自己的根一样，了解了自己的历史，走起路来，会更轻松踏实！

当父母的过程，就是在修补自己的童年。

我在陪伴孩子的过程中，常思考该教他们什么，好让他们能有健全的人生、稳定的情绪、有意义的关系。

因为在工作和现实生活中，我是一个爸爸，所以，我常扮演"理想爸爸"的角色，体会这过程中的许多难处与甜蜜。

在陪伴孩子的过程中，我常有种重新回到自己童年的感觉，再一次体验种种情绪：考试压力、父母管教、同学欺凌、崇拜老师……也就是说，我正在有意识地重新思考与诠释我自己的过去。

这无疑是一段成长之旅，在这个过程中，我们学习"理解、谅解、和解"。

说实在话，**通过这样的历程，我感觉到我的心比以前平静了很多。很多过去的事，好像能放下了，纠葛也少了，也更能关心人，心情相对自在。**

为人父母的过程，好像在找自己的根一样，了解了自己的历史，走起路来，会更轻松踏实！

完满生命的意义

完满了自己的人生意义，才有能力来完满孩子的人生
意义。

我用非常粗略的方式，来谈心理治疗要面对的两个重要
方向。

一个方向，是"解决问题"，譬如，减轻焦虑或忧郁症状、
减肥、戒烟、学习人际互动技巧等。另一个方向，是"人格改
变"，譬如，改善以自我为中心的倾向，提升心智，重新整理自
己的生活哲学与信念等。

我们常说"性格决定命运"，确实很多困难的症结，也在性
格上面。

改变性格，从心理治疗方面来说，时间通常要用"年"来
计算，耗时耗力。但是，一些重大事件，譬如，突然获得极大
的肯定、重病、亲友亡故等，可能都会产生性格的改变。

对我来说，**养儿育女，是一个改变性格的重要契机**。我认
识的**绝大多数父母，在有了孩子之后，更坚强、更负责任、更
深思熟虑，因为我们常从孩子身上看到自己，不断被逼着面对
自己，进行改造自己的工程。**

我以前有一位同事，她从小的志愿就是要当一个好妈妈。
我非常欣赏这样的努力方向，因为一个好妈妈所造就出的快乐
孩子与家庭，是和谐社会的基础，贡献不小。

当然，也有少部分父母一直没有准备好，或者一下子面对

的困难太大，个性变得更焦躁、更不负责任、更不快乐……

　　因为孩子而变得更好，不仅仅是为了孩子，更是为了自己。完满了自己的人生意义，才有能力来完满孩子的人生意义。

不必要的人生证明题

我们没有必要用许多年，甚至是一辈子，去证明父母
的错，或者向父母证明自己值得被爱。

或许，我们的父母以前没有学会如何好好地对待我们，所
以在我们心里留下了伤口与阴影。

不过，我们没有必要用许多年，甚至是一辈子，去证明父
母的错，或者向父母证明自己值得被爱。

有可能在我们心里的某处，自己始终扮演着儿子或女儿的
角色，无法被忘却与抹灭。

那么，请试着这么做，让我们自己过得好一点：把我们曾
经最渴望的亲子关系，试着跟现在的孩子重新建立起来；或者，
没有孩子，就把自己当成孩子，再好好疼惜一遍。然后，把我
们不想要的过去，整理、转化，变成滋养生命意义的沃土。

聪明的太太

聪明的太太，常表现得很柔弱无主见，其实，她是所有事情后面的那双推手。

有些我帮助的当事人不喜欢被指正，所以我借用了某位社会贤达的理论，用"聪明的太太"这个名词，来描述我对于建立关系的治疗方法。

男人不喜欢被指正，所以聪明的太太知道怎么跟他周旋，保护他的自尊，赞美、鼓励不绝于耳。只要先生的想法跟她接近，就多称赞一点；想法有点远，就称赞他愿意努力。

如果先生遇到了困境，就轻描淡写地暗示解决方法，让先生以为是自己想到的办法。先生走出了困境，更要表现出佩服与尊崇。

聪明的太太，常表现得很柔弱无主见，其实，她是所有事情后面的那双推手。先生洋洋得意，但他不知道，他没了太太实在不行。

有时候，我碰到特别没办法接受指正的人，就会用"聪明的太太"的方式跟他建立关系。建立关系后，再一步一步，依据对方的个性，修正自己的互动方式。

我跟一位朋友说明这种方法，朋友戏称，他要学起来，大小通用，我们心有灵犀地相视而笑。

您也可以试着成为聪明的先生、聪明的老师，或者，是聪明的儿女喔！

北风与太阳

太阳能传递的正面能量，北风远远不及，所以能让人心甘情愿地听从。

在关系里面，总要留些让彼此呼吸的空间，才有美感。在众多关系中，我觉得亲子关系很特别，是从没有距离到渐渐拉远的过程。

多数孩子在成长过程中会经历不同时期的变化，父母和师长在孩子心中的位置，会从孩子的全部，慢慢被同侪或伴侣取代，因此，长辈或父母放手的节奏，有没有跟上孩子的内在变化，会明显地影响关系。

我认识一些老妈妈，孩子早就成年了，依然不放手。那种焦虑到窒息的感觉，让孩子想亲近却不自觉逃避。

其中一位妈妈，当孩子不听她的话时，她就到处讲孩子的不好。她要所有人站在她那边，帮她劝孩子，帮她讲讲公道话。旁人受到妈妈的鼓动，偶尔也加入斥责孩子的行列。

孩子势单力薄，用冷漠做武器，用叛逆当成自我的宣示，依然抵不过猛烈攻击。有时候，孩子受不了就攻击回去，这更坐实了"坏孩子"的指控。

这场负面情绪大战，我只看到遍体鳞伤的战俘，没看到胜利者。伤害在世代间传递着，还来不及觉醒，就已经沉沦。

其实，多跟孩子们讨论他们希望被对待的方式，还有他们期待的亲子互动方式，好处多多，父母学习倾听，学习回馈与引导，对孩子、对自己都有很大帮助！

太阳能传递的正面能量，北风远远不及，所以能让人心甘情愿地听从。

合理的想法、正面的信念

合理的想法、正面的信念，可能很平淡，但比较长久。

教给孩子合理的想法、正面的信念，非常重要，他可以因此一辈子受用不尽。譬如，最近我看到一句话："当一个人想要达成某件事时，全世界都会一起帮他完成梦想。"

这句话很漂亮，很能激起我们内在的豪情壮志。不过，类似的漂亮话不少，没多久又会有其他的流行语出现。拿这些话来教孩子，不长久，我认为比较合理的想法如下："如果我再多花一点时间，会做得再好一些，可能会提高成功的概率！"

这样的陈述很口语化，没那么漂亮，但是更适合拿来教孩子，也方便应用在生活层面。再举一个例子，一个孩子在客厅奔跑，撞到桌子，奶奶可能说："桌子真坏，让你很痛，我帮你打它！"

这句话，也许可以让孩子暂时把气出在桌子上，换得一时情绪稳定。但从长远层面来说，下面的讲法对他更有帮助："在客厅跑，会不小心撞到桌子，会痛，走路就不容易撞到！"

这句话，应该更能减少孩子撞到的机会，也更能建立适应行为。大人在教导时，平铺直叙地说，不用大声，更能有效内化。

合理的想法、正面的信念，可能很平淡，但比较长久，大人应该先从自己做起。

放手也放心

担心只会成为彼此的障碍，不但让手脚放不开，而且对关系的维护不利。

我最近碰到一位老妈妈，孩子已经超过三十岁了，却依然很为孩子担心。我劝这位老妈妈，孩子大了，也成家有小孩了，工作稳定，就算遇到挫折，她也只需要用关心取代担心就好。

孩子在事业上遇到了挫折，老妈妈一直很在意，因为孩子一开始没有让她知道他在事业上的重要决定，更没有征询她的意见，仅仅是事后告知。

我实在想不通，这孩子的事业跟这位老妈妈没什么太大的关系，也没有要老妈妈出钱出力，为什么她要在意成这个样子？现在孩子有了挫折，老妈妈就用其他的理由训了孩子一顿。

不知道我有没有会错意，某种程度上，老妈妈觉得没被孩子尊重，所以找机会训孩子一顿，让孩子知道她的重要性。但这不但对孩子没帮助，反而加重了孩子的情绪负担。

也许是旁观者清，我总觉得，孩子大了，已经成家立业又守本分，难能可贵，在事业上难免遇到挫折。孩子早就过了需要事事向父母报备的年纪，就像父母也不见得会事事让孩子知道一样。有时候是不想让父母担心，有时候是避免人多嘴杂难办事，这都可以理解。

不管孩子的年纪多大，让孩子为自己做决定，也为自己的决定负责，父母为他鼓掌就好，这是难得的教育机会。我们时时保持着关心，若孩子愿意求救，我们视能力支持；孩子不想要我们插手，代表孩子长大了、想独立自主了，我们尽量别介入。

我告诉老妈妈，她应该多专注在自己有兴趣的活动上，孩子的事他自己会处理，要对他放手也放心。

让孩子过自己的人生

让孩子有机会过自己的人生，真的跌倒了，也比较
情愿。

我在大学时认识一位女性朋友，她从来没谈过恋爱，因为
她父母希望她求学期间不要发展男女感情。

我这位朋友非常乖顺，没事绝不在外逗留，有活动要参加
一定跟家里报备。人长得非常漂亮，也聪明能干，偶尔听说有
人对她有爱慕之意，但总是没有后续发展。

她毕业的时候，我参加了她的欢送会。她妈妈为了慎重起
见，带她去化了一个新娘妆，盛装出席。这位朋友的妈妈应该
是一片好意，但是她不喜欢，也表达了自己的意见，只是不想
太违拗大人的意思，只好勉为其难答应。以学生聚会来说，这
样的装扮非常隆重，所以她立即成为所有人的焦点，她自己也
觉得尴尬。

后来我继续念同校的研究生，她则留在学校当助理，办事
能力佳，深得教授的喜爱。偶尔跟她碰到面聊几句，谈到感情，
她说："进了社会，我爸爸妈妈反而开始问我为什么没有男朋
友，我就说'这不是你们造成的吗'。"语气中颇有怨怼之意。

听她说，她的生活圈很小，不容易认识人，将来可能要通
过相亲去找另一半。我猜都不用猜，就知道这事大概又是她父
母主导安排的。

我从小也被交代，念书的时候不要谈感情。我在读高中时，

爸妈说："高中不可以谈恋爱，要考大学。到大学再交女朋友也不迟！"可是，等我真的上大学了，他们又说："大学还是不适合，等上研究生时再谈也没关系！"那时，我都快大学毕业了，已经不太能认同这样的观点了。我了解这是家长基于保护孩子的心态，可是，这是我的人生，我总要自己学习面对。

以我的这位女性朋友来说，她不是不懂得保护自己的女孩子。在大学期间练习跟异性相处，对于她之后进入婚姻关系，扮演太太的角色，好处多于坏处。更何况，她的喜好，不见得跟她父母的一样，她已经有自己的判断能力了。

我期待父母让孩子有机会过他自己的人生，真的跌倒了，也比较情愿。**让孩子学会为自己的选择负责，下次才能更谨慎，更懂得为人处世的道理。**

爱生气的妈妈

如果生气对事情没帮助，那叫白生气，我们要学习放下。

小明的妈妈爱生气，为了大事生气，为了小事也生气。单纯从她生气的样子看不出来，她是为了大事还是小事生气，反正每次都是大发脾气。

她常对小明说："为什么你要让我这么生气！"

小明虽小，但这么多年的教训让他知道，别多嘴，要不然刚刚只是手榴弹，等一下就会是反坦克炮了！

"反正，我不说话，也是被骂。我说话，就是顶嘴，会被骂得更惨。我干脆省一点口水，就当作没有人在讲话。"小明心想。

小明个性固执、理解慢，事情常要教很多遍才学得会。妈妈带小明去找心理咨询师，心理咨询师上课，妈妈也顺便在旁边听。

"他就是每次被骂就不讲话，跟他爸一样。可是他越不讲话，我越气。"妈妈对心理咨询师抱怨。

小明插话说："我不管讲话还是不讲话，你都会生气，那我为什么要讲话？"

小明信任心理咨询师，觉得有人会听他说，就毅然决然地豁出去了。妈妈当场没多说什么。天真的小明，他想不到一回到家，妈妈就爆炸了。

"你为什么说我常生气？我有吗？"妈妈开始质问小明。

小明："我哪有这么说……明明是你每次生气都怪我，有时候你跟爸爸吵架，跟我也没关系，你就一边写联络簿一边骂我……"

妈妈："你还说，你看你，这么会顶嘴，我看你以后出去工作，哪一个老板会要你……"

"唉，我就知道结果会这样……"小明心里想，"为什么不是妈妈去上课？老师教，妈妈也在旁边听，结果还不是这样，还要讲其实自己没那么爱生气，都是被我害的……"

小明与妈妈各自过了个糟糕的夜晚。小明很快就入睡了，倒是妈妈，每次一发脾气，睡眠质量就不好，多梦易醒。

梦中妈妈到了一个安详的地方，有个老人对着妈妈微笑。妈妈不知道他是谁，但感觉他很值得信任，于是就像对邻居一样，开始抱怨小明的种种不是。

"为什么他经常让我生气？"妈妈问老人。

老人："为什么你经常允许他让自己生气？"

这句打哑谜般的话，让妈妈愣了一下。她一心觉得就是小明的不对，哪个父母不会生气？这时，一个模模糊糊的想法浮现："没有人能让我们生气，除非我们允许这件事发生。"妈妈呆坐着，沉默，尴尬。过了一会儿，妈妈又想数落小明的不是，正要讲话，老人说："如果生气能让事情更好，那么生气没问题。如果生气对事情没帮助，那叫白生气，我们要学习放下。为什么你这么固执？同样的事很难改变，你还要一遍又一遍地生气。"

妈妈又愣了一下，说："固执的人不是小明吗？为什么是我？"不过，老人的话听起来很有道理，于是她心想："很难，但我还是试试看好了！"正准备讲话时，她就醒来了。妈妈在迷迷糊糊中立志要改变自己。

隔天，妈妈讲话轻声细语，对待家人，像林志玲讲话那样温柔。妈妈假装自己是好妈妈，想着该用什么样的讲话方式、做事方式，就那样去讲、去做。妈妈的好妈妈剧本越演越熟练，最后，这个角色融入自己，自然而然地就不用演了。从此之后，大家都过着幸福快乐的日子……

（以上内容，纯属虚构，如有雷同，一定是巧合。）

第六章

往改变的
路上走去

转个弯就能看见更开阔的人生风景

神啊，求您赐我宁静的心，接受我所不能改变的事；赐我勇气，改变我所能改变的；赐我智慧，分辨两者的差别。

——《宁静祷文》美国神学家　尼布尔

转个弯，走自己的路

回到一个人的本质，而非不断重复走着大家都走过的路。

关于教育、学业，我常听到很多家长和孩子的抱怨，负面情绪因此累积不少。例如："为什么我教别人的小孩就没问题，但教自己的小孩时状况就一堆？""每天叫孩子写功课，真的很烦！常常要订正的一大堆，又要罚写，每天的生活都泡在里面，然后，大家都不愉快，我不知道这样的日子还要过几年？"……

教育制度、社会制度，是为了大部分人而设的，不是为"每一个人"而设的。我们死命追赶着，要让身心融入社会，那会是一连串压抑自己的过程。

现在社会整体的怨气很强，各种政经困局浮上台面，悬而未决，更是突显了这样的问题。如果我们放下主流的、习惯的、相互矛盾冲突的社会价值，不是意味着失败了，而是该转弯了！

回到一个人的本质，而非不断重复走着大家都走过的路。用从众的态度，去过个人的生活，常过度简化、不够细腻，让人茫然。

让直觉带着自己走

让直觉带着自己走，边走边用理智印证，可以慢慢走出一条路。

女性有所谓的"第六感"，那是因为女性特别敏感，有些变化，虽然察觉到了，但一时之间讲不出来。

我不是要谈什么神秘经验，而是人类的感受能力常常强于描述的能力，常会有"我好像知道什么，可是我不知道怎么说，或者我说不出来"的情况。

举一个简单的例子，父母对我们的影响，常常潜移默化，我们可能在当父母一段时间之后，才感觉到，自己在某种程度上复制了爸爸妈妈的行为，即使有些做法在我们小的时候连我们自己都不太能接受。

有时候，是来自身体的微弱讯号，但我们在当下却不懂得读取，或习惯性地忽略。其实，身体在告诉我们："累了！要休息了！"但是我们仍然继续透支体力，完成我们期望的事。或者，在情绪的剧烈起伏之后，会有个声音告诉我们："要放下执着，不然，就受不了了！"可是，我们往往会把自己逼到崩溃的边缘，才发现需要紧急刹车。

当我们不知道该怎么做的时候，除了求神问卜，还有另一个选择：放松、沉淀自己，感受自己的直觉。从某种程度上来说，把自己的未来托付给更强大的神灵，其实就是在借由仪式，让自己的直觉慢慢浮现。

　　让直觉带着自己走，边走边用理智印证，可以慢慢走出一条路。

爱己所选

既然我们选择了，就要勇于承担，这比抱怨，比唉声叹气，更有意义。

你现在的生活是你的选择吗？我面对的当事人，他们的答案大半是否定的。

事情总是来得太快，我们总是来不及跟上。于是，接踵而来的挫折，让我们以为，我们没得选择，只能接受，继续活在不快乐里面。

孩子不快乐，并不代表家长要跟着痛苦；家长快乐，并不代表罪恶；他人指责，并不代表我们要随之起舞。**我们也许没有多少空间去改变什么事，但是，我们总是可以选择用什么心态去面对。**

既然选择了，就要勇于承担，这比抱怨，比唉声叹气，更有意义。

在每个起心动念中看清自己

当某件事、某个人，激起了我们强烈的情绪，我们总能在其中看见自己。把自己看清，就能往正向改变的路上走去。

情绪就是情绪，它是一种真实的感受，没有对错，只有经过有逻辑的思考之后才能谈对错，这两者要分开。

在人与人之间的互动中，大家的思考逻辑常不见得一样，因此累积了许多情绪。如何有耐心地接住对方的情绪，引导彼此把情绪表达清楚、发泄出来，很重要。把情绪真正处理完了，再去有逻辑地思考，我们便可以慢慢进行。

当某件事、某个人，激起了我们强烈的情绪，我们总能在其中看见自己。那就借着这个机会，稍稍抽离，重新把自己看清，就能往正向改变的路上走去。

我，不是我的想法

　　在空闲的时候，把心静下来，把纷乱的思想、骚动的情绪，一点一点看清。

　　您试过静下心来，闭上眼睛，叫自己什么都不要想吗？这时候，反而各种念头纷飞，停不下来。

　　很多人，害怕面对的就是这个时候，脑中胡思乱想，无法控制。

　　这些胡思乱想，有时在道德上不被允许，有时甚至相互矛盾，有时让我们很难受。所以，我们常选择不去想，用工作或娱乐来转移注意力，或者，少数时候我们会照着这些想法盲目冲动。

　　但这些胡思乱想，不全代表你！

　　有时，它是过去未竟事务的延续；有时，它是社会灌输的价值观；有时，它是我们原始欲望的现身；有时，它是理性的呼喊……

　　在空闲的时候，把心静下来，刚开始确实会有纷飞的念头，渐渐地，思考会沉淀下来，这时意识清明，有时会想通重要的事情，有时会让揪紧的心松开，有时会增加对身体讯号的感受力，有时喝水也有滋味。或者，单纯把静心当作专注工作前的准备、入睡前的仪式也可以。

　　一起静心吧，把纷乱的思想、骚动的情绪，一点一点看清。

独处的必要

发呆也好，胡思乱想也没关系，独处，除了能整理心情，还常常生发出创意来。

人一忙，事一多，最先被牺牲的，就是让心情快乐、沉静的时间。

压力过后的疲累，除了身体上的，还有心理上的。释放压力的基本方式，就是有充足的睡眠以及偶尔出去走动走动。

日常生活中，请安排独处的时间给自己、给伴侣、给孩子。发呆也好，胡思乱想也没关系，独处，除了能整理心情，还常常能生发出创意来。

不要担心没做有酬劳务或例行公事就是在浪费时间、浪费生命。往往在短暂的休憩后，丰富的创意和灵感、充沛的精神和体力，都能让接下来要做的事情事半功倍。

时间常不够用，事情常做不完，身体、心理的健康平常没去照顾，有一天，它们自然会一次性要回来。

用行动启动转变

改变从来没停止过，请别认为自己永远都没办法改变，请别认为不良的人我关系从此只能陷入僵局。

昨日的我并非今日的我，今日的我也不会是明日的我。

同一件事，随着时间和空间流转，对同一个我，所代表的意义也逐渐不同。改变从来没停止过，请别认为自己永远都没办法改变，只是改变得少；请别认为不良的人我关系从此只能陷入僵局，只是改变得慢。

在认清自己之后，就等着"行动"来启动转变了！

往事不用再提

　　不要用往事不断折磨自己和他人，把心力用于改变
上，对自己、对他人都有好处。

　　一个人的改变，通常刚开始都微小难见，要慢慢累积，才
能让我们看到足以觉察的实质变化。这时候，我们要"敏感"
于任何小的改变，耐心守护，等着这个人的善念落实到行为上。

　　所谓的"敏感"，对我来说，指的是观察良好行为与不良行
为的频率、强度、持续时间是否有变化，然后，"鼓励看小，惩
处看大"。

　　假如我们平时没肯定对方的小小进步，又在生气时不断翻
旧账，不仅会让对方感到永无翻身之日，也可能会因此觉得自
己再努力也不会有好结果，从而心生退意。我们聚焦在过去，
如果能得到教训，其实也很好，但是当往事成为指责的工具，
则对方容易产生防卫心理。

　　**谈改变，常要从自己开始，带头示范，进而影响他人；然
后再聚焦现在，一个脚步一个脚步往前踏，才能产生力量，朝
正面发展。**

　　不需要用往事不断折磨自己和他人，试着把这样的心力用
在改变上，对自己、对他人都有好处。

放下无谓的期待，就没有所谓的伤害

建设自己、肯定自己，学习在情绪上独立，少因他人
而起伏，自然而然，就没有所谓的伤害。

我们对人，是不是有过高的期待？

我们期待朋友对我们忠诚，期待老板赏识，期待员工感恩，
期待孩子听话，期待配偶支持，期待父母重视，期待老师包容，
期待情人浪漫……

我们对人有诸多期待，然后，有期待就会受伤害。

伤害，是源自需求没被满足，累积为挫折，甚至失落，或
是愤恨。

我们的需求要被满足，除了依赖别人，还可以靠自己努力。

建设自己、肯定自己，学习在情绪上独立，少因他人而起
伏，自然而然，所谓的伤害，就会慢慢随着时间迎风飘散。

虽苦也甘甜

一旦接受了属于自己的独特的生命意义，苦难就不会将我们击倒，脚步就不会停滞，虽苦也甘甜。

有些人常说自己过得很痛苦，也很没有意义。其实，过得快乐或痛苦，与过得有没有意义，可以分开来看！

我们可以很快乐地过着没有意义的生活，也可以很痛苦地过着有意义的生活。

那么，在心灵的层次上，我们要同时检视我们生活中的情绪以及生活中的意义，才算完整。

譬如，养儿育女是很有意义的事，然而，我面对的孩子可能每天无理取闹，稍不顺其意，就破坏东西、口出恶言，或者攻击亲人。有时候，做父母的，情绪上实在很难平静，为了孩子拼命努力，还要日夜受孩子的气。

我们要静下心来，坦白地问自己几个问题："如果时间可以重来，我们还愿意重新经历一次现在的生活吗？""如果我们正在编写自己的传记，那么，我希望未来十年的篇章写出怎样的剧情？""如果我的生命剩下最后两年，那么，这两年我要做什么？"

电影《海洋天堂》中，李连杰所饰演的单亲爸爸，在得知自己将不久于人世之时，仍勉力教导自己的孩子自立。

死亡逼出了意义，也让人活出了光彩。

我们仍有大好的人生，更应该把握时光，弄清楚我们的人

生任务。

　　生命的意义，要通过努力去发现。我们一旦接受了属于自己的独特的生命意义，苦难就不会将我们击倒，脚步就不会停滞，虽苦也甘甜。

抢第一不如看时机

看得懂时机，学习等待契机。

亲爱的你：

从你很小的时候，我便看着你长大。个性好强的你，做什么事都想抢第一，不论是选玩具、考试、交朋友，只要能当第一，你绝不做第二。

我想告诉你，抢第一不如看时机。

看得懂时机，学习等待契机。

老子说，无欲则刚。

无欲实在很难，但欲望少一点，倒是有可能办得到。**得到就怕失去，多食就易生"富贵病"。减少欲望，意志就会越发刚强！**

可是，在少数情况下，道理你终会知道，但永远做不到。

我愿意不断提醒你，提醒你周边的大人或伴侣，让他们帮着你、带着你，让你慢慢了解，人生，不是只有"抢第一"这一件事情而已。

抱怨的管理

抱怨太多，就会变成有口无心，没用心去体会其中的深层意义，只想用他人暂时的怜悯与同情，去麻痹自己。

抱怨，应该被管理。

有的人抱怨，好像永远不会结束，如滔滔江水般绵延不绝，会让听的人出现种种负面情绪。特别是抱怨内容不断重复，陈年老调，没有重点，或者观点偏颇，又听不进建议，这种情况下，如果听的人还能心平气和，真该盖间庙供起来膜拜。

抱怨，其实不见得会让自己的心情好一点。最好的状况是有良好的倾听者，能给予温和、理性的回应，又能引导抱怨者进行思考，让抱怨者走出死胡同，然后改善生活。

大部分的情况下，重复抱怨，不仅不会让心情变好，甚至可能让心情变糟。如果遇到听不懂抱怨的人，或者听得不耐烦而展现怒气的人，自己还会越抱怨越火大。

通常喜欢抱怨的人人际关系不好，这样可以抱怨的事就会越来越多。而且，通常爱抱怨的人不喜欢听别人的抱怨，因为自己都抱怨不完，没有时间也没有耐心听别人抱怨，除非大家抱怨的事件或对象都一样。

但是，常抱怨的人有时候还不太清楚自己在抱怨，因为没有意识到。国外有一种减少抱怨的"紫手环运动"，效果很好，就是把手环戴在手上，每抱怨一次，就换另一只手戴，这就是意识与记录的重要性。把抱怨的内容写进日记，也有功效。

意识到自己又在抱怨，那就出去跑一跑，也很好，会让我们暂时停止烦恼。

抱怨太多，就会变成有口无心，没用心去体会其中的深层意义，只想用他人暂时的怜悯与同情，去麻痹自己，告诉自己仍然有人爱。有时候，只是自己骗自己，让自己处于受害者的角色，而不想承认自己也有错。

不敢承认自己的错，就是不想接纳自己，于是，让自己处在阿鼻地狱，每日烈火攻心，处罚自己。

所以，当我们要抱怨的时候，可以使用"正面框架"的做法。也就是去思考，他人的行为背后有没有正面的动机或者不得已的苦衷？譬如，爸妈禁止我去网吧，有可能是因为担心我交到坏朋友，而不是单纯喜欢管我，不是想让我痛苦。

有时候，我们可以进行全景式的思考，这样能把事件看得比较全面，产生多元观点，能让自己的心情更平静，也有助于解决问题。

重新看待过去的力量

过去所发生的事，对我们现在的生活有一定的影响，但我们依然保有重新看待过去的力量。

人类的记忆系统会随着我们不断的搜寻与提取，进行微调。

比如，小时候爸爸妈妈管我们太多，我们可能多有怨怼，但是，当我们自己有了小孩后，才了解我们以前的厌烦其实是辜负了父母的好意。这时，就懂得感恩了。

又比如，小时候同伴的欺凌影响了自己的生活。可是，二十年后的我们坚强许多，也不太可能再遇到同样的状况，真的遇到了，也知道该如何应对。这时候，我们再在小时候的阴影下生活，就没必要了。

所以，**我们要时时整理我们的记忆，以现在的知识与能力去理解或诠释，形成新的样貌。**

过去所发生的事，对我们现在的生活有一定的影响，但我们依然保有重新看待过去的力量。

拒绝对号入座

我们不必为了世界上必然会有的不完美，而付出过多的情绪成本。

最近，一些孩子、家长，还有身边的朋友产生的负面情绪，让我把一种心理学上的负面思考类型——个人化，看得很清楚。

譬如，我们有时遭逢逆境，心里会想："老天爷为什么这样对我？"事实上，没有谁针对谁的问题，事情因为各种因缘际会凑巧发生了，我们又刚好身在其中而已。

又譬如，有人给我们臭脸看，不见得是因为我们做了什么，而可能是因为他今天诸事不顺，或者，单纯只是这个人不笑的时候脸就很臭。

如果一发生不好的事，我们就认为自己必定牵涉其中，那我们就有源源不绝的负面情绪可以产生。要快乐，就难了！

如果坏事真的因我而起，我就寻思改进；如果跟我无关，那就不用揽在自己身上。我们不必为了世界上必然会有的不完美，而付出过多的情绪成本。

为想法找证据

试着练习帮自己的想法找证据，可以让自己把世界看得清楚点。

跟朋友在一次吃饭的场合中讨论到，世界上发生的种种事件，都可以分成"事实"与"猜想"。

比如，"他嘴角上扬"是事实，但是"他对着我笑"，或者"他在嘲笑我"，就是程度不同的猜想了。

然而，**如果我们没有时时检视、内省，就会把"猜想"当成"事实"**。在大部分情况下，我们活在猜想的内心世界，一个自我虚拟的环境里。

可以的话，试着练习帮自己的想法找证据，可以让自己把世界看得清楚点。

善念牵引我们缓步远离苦痛

如果跳脱不出自设的牢笼，可以试着在自己的能力范围内，不求回报地为他人做贡献。

一个人的痛苦，有时候来自过度自我关注。

助人、替人着想，让自己在某个刹那心里面只有别人，没有自己。回过头来，看看自己正面对的困难，跟他人相比，似乎小巫见大巫，也就没那么难受了。

我们心想着别人，刚开始不是为了自己，也不应当作如是观，但是这样做，对认识自己、稳定情绪、建立良好的生活态度，都有正面帮助。

各位朋友，如果您有时候跳脱不出自设的牢笼，可以试着在自己的能力范围内，不求回报地为他人做贡献。

说不定，善念牵引，能让我们缓步远离苦痛，找到幸福。

终有拨云见日时

　　越是纠结难解的情绪，越要找时间面对，随着内省的功夫不断积累，终有拨云见日、轻松面对过去的一天。

　　面对难受的过往或是创伤，我们可以通过不断表达、宣泄情绪，慢慢找出意义来。

　　我们对过去有新的领悟，就能用更轻松的方式处理、看待，也能引导未来的方向。

　　有信任的人，就对他说；不能说，就写。

　　无法化成文字，那就通过艺术表达，如绘画、音乐、舞蹈等，都很好。

　　越是纠结难解的情绪，越要找时间面对，写日记、找人谈、自己冥思默想，都是方法。

　　随着岁月流逝，内省的功夫不断积累，终有拨云见日、轻松面对过去的一天。

原谅自己

开始原谅自己之后，更能包容别人。

变老、死去……我很感谢生命的安排，让我有机会去稍稍沉浸在这样的焦虑里，然后，思考我该如何安排我的时间，用在真正重要的地方。

我们终究会老去是事实，这很重要，但如何面对老去，是另一件重要的事。譬如，我最近犯了一个错，我点了外卖打算回家吃，然后走到另一边的店买了饮料，就忘了原来的外卖，一直开了二十分钟左右的车才想起来，又匆匆赶回去拿。

这是我以前不可能会犯的错。如果是两年前，我会在心里把自己骂一顿。现在，我马上想到的，是如何调整接下来的行程。

我一直有点控制欲，只要犯了一丁点儿的错，就不会放过自己，甚至会咒骂出声，对空挥拳，像是要把自己揍一顿一样。一个小错，我会记很久，然后用这个错来折磨自己，要自己痛，要自己记住教训，怕自己下次再犯同样的错。

现在，我想的是如何解决问题，情绪淡了不少。

开始原谅自己之后，我更能包容别人。

你常因为身边人的错，而有情绪起伏吗？

那么，请你试试看，试着原谅自己，说不定可以减少你的情绪起伏，让你平静一些。

相信的力量

　　我相信，一个人要让自己好，也要让周遭的人好，这样，才能得安心自在。

　　相信，是有力量的。

　　一个人，总会找到对自己好的路，越成熟，越能够控制自己的行为，往自己预设的方向去。

　　然后，我相信，一个人要让自己好，也要让周遭的人好，这样，才能得安心自在。

道歉的艺术

承认自己错了，不仅能减少他人的怒气，也能修炼
自己。

人与人相处，总是会遇到需要道歉的状况。

当我还年轻的时候，曾在他人犯了错却又不认错时，严肃地瞪着对方，责备，怒骂，想把道歉的话从对方口中逼出来。

现在的我成熟多了，与人互动的经验多了，就连"瞪"这个动作或声调上扬，都不太会有。我会提醒对方，但只是像平时讲话那样，有时态度或许再严肃些，然后给对方足够的时间鼓起勇气。

道歉这件事，可以从道德层面谈，也可以从心理层面谈。

如果用道德界定人与人之间的关系，那么，犯错道歉是理所当然的。然而，一个人在被逼迫的情形下道歉，常是心不甘情不愿的。这样的道歉，徒具形式，没有道德的内涵，于事无补，又徒增困扰。

没有回到心理层次，我们就难以获得道德的内涵。例如，对方是不是了解自己做错了什么？对方的道歉，是出于自愿还是被迫？

此外，除了口头的道歉，还有什么替代的方式，可以表达自己的歉意？

写卡片是一种选择，买个小礼物送给对方也可以。更有勇气一点，就找个时间打电话，好好地把歉意传达出来。

承认自己的错，不仅能减少他人的怒气，也能修炼自己。

错了再改进，失败了再努力。没有人不犯错，但一犯错自尊就被击倒，那就表示我们还需要再学习。

我们在态度上，也要以正向的方式面对他人犯的错误。如果他人一犯错，我们就大发雷霆，会让对方更不敢认错。

幸福感

时时检视幸福的层次，方能避免不知不觉地囫囵吞下
社会的价值观，造成自己的迷失和空虚。

"幸福是什么？"幸福感，要从身、心、灵三个层次来切入。

生理层次，以健康为主

"睡饱"相对容易做到，但在现代社会又很难。熬夜工作、
欣赏影音电视、打网络游戏，常让我们晚睡，身体疲惫但神经
还兴奋着。

此外，现代人的"富贵病"多，糖尿病、高血压、抑郁症
等难根治、易复发。我们对于健康的定义，已经不再是"不生
病"，而是"有健康习惯"。以我为例，我身弱体虚，但是饮食
清淡，常喝水，工作间隙常起身伸展、调息放松、闭眼或远观，
这些对身体有益的行为，已经内化成我生活的一部分。

心理层次，以正向思考、吸收好知识为核心

从心理层次来说，可以从多阅读、多书写、说好话、做好
事、跟小孩或年轻人相处、常笑、跟好朋友聊天等活动着手。

同时，"转念"也很重要。要怎么想一件事，才能让自己平
静地解决问题？

譬如，从心理学的角度，要让"压力事件"不直接成为压
力，需经过两个评估历程：一个是这种心理压力对我们生活的

影响程度，另一个是我们有没有能力能应付它。转念、寻求资源，这些解决方法，都有助于我们减轻压力。

灵性层次，要谈到信仰

除了宗教外，大部分人都有一套属于自己的处世哲学或价值观。信仰不见得有证据支持，也不一定容易被验证，只问自己是否能深深相信。比如，我相信"每个人都值得被尊重""给一个人足够的空间与自主权，人总是会想办法让自己好一点""有意义的关系是我们最终的追求""平静度日是福""没有和谐，一个人难有长久的快乐"。

这些价值观，我们要时时拿出来检视，避免不知不觉地囫囵吞下社会的价值观，造成自己的迷失和空虚。

多跟他人讨论价值观和自己的生活这两者之间的关系，能帮助自己找到属于自己的努力方向。

爱的羁绊

当爱与被爱的人都自在时，才是爱。

以爱之名，试图捆绑他人的自由与未来，这"爱"便不单纯，常包含许多焦虑与愤怒。

许多负面情绪，通过以"爱"做包装，要硬塞给投射的对象，而这投射的对象，通常是关系中比较弱势的一方，例如孩子。

这让孩子进退两难，无法过自己想要的生活，又无法成为父母期待的样子。情侣、夫妻间，也常看见这样的现象。

每个人的路，只能自己找。

或许，我们能在有限的范围内，维护对方的安全，甚至指引对方或照亮他未来的方向。但走不走、往哪儿走，是个人的选择，每个个体得为自己的决定负责，他人无法越俎代庖。

当爱与被爱的人都自在时，才是爱啊！

第七章

每个人
都是独特的生命

逆境不断，但是我们不断努力

用对方的眼睛看，用对方的耳朵听，用对方的心感受。

—— 心理学家　阿尔弗雷德·阿德勒

失去信任之后

失去信任之后，我们要有正面态度，不能让它淹没在黑暗里。

最近发生了好多事，如食品安全问题，这是一次重击，击倒人与人之间的信任。

有人说，商人重利不可信。然而，商业往来是我们这个社会很重要的活动，去掉商业活动，这个社会无法运作。

说到底，种种的负面情绪，让我们对人失去信任；我们对人失去信任，又让我们产生了种种负面情绪。如此互为因果，恶性循环。

当我们受了伤，对人没了信任，该怎么办？

事实上，如果对人不再信任，我们将寸步难行，除非我们能过着隐世独立、自给自足的生活。由人组成的社会，我们要通过或深或浅的信任来与他人互动，才能继续生活。

所以，当我们带着惊疑和恐惧去面对他人，这种感觉，大概类似我到小吃店，总是想看他们用的油是哪个品牌一样。

我知道，人常常是一边冒着险，一边过生活。就算我们暂时对人都不信任了，但我们还有自己，我们还可以相信自己。

当然，我们也会犯错，但是要相信，我们可以在错误中学习，然后，我们还要相信，依然可以找到对的人，再给予信任，因为我们有种种需要，不借由他人就无法满足。

受了伤，是裹足不前，还是看清楚前方道路，继续前进？那是我们自己的选择！

我们要告诉自己，也告诉孩子，面对伤害与挫折，我们并非全然无力。我们能活到今日，文明能进步至今，那是许多代人的努力。

我们只是暂时受到打击，但我们不能放弃

我喜欢谈关系，整个社会就是由许多关系组成的复杂网络。能撑起相对简单的关系与相对复杂的关系，信任是共通的核心。我们不能忘记"相信"的力量，那是活下来的重要动力。

我相信，我所居住的土地，不是只有谩骂与贪婪，还有许多人为了让社会更美好而默默努力。

失去信任之后，我们要有正面态度，不能让它淹没在黑暗里。

谈霸凌

　　我常要面对我能力所不及的局面。不过，只要我愿意睁开眼，我就会看到孩子们正用他们独特的生命力鼓舞着我。

　　我认识一个孩子，他从进小学开始就被其他孩子霸凌，现在上了初中，仍处在相同的困境。说起来，真的很难清楚地界定谁对谁错，没有人想看到这样的状况发生，但这样的情况真实存在着，而且好多年了。

　　"你干吗跟他靠那么近啊？""恶心……"

　　孩子若无其事地告诉我其他孩子的耳语。那耳语丝毫不顾忌，声音大得让孩子想躲都躲不了。

　　深入认识这个孩子，就会清楚，他善良得让人替他担心。他热情又热心，即便是被大家讨厌，他也乐于伸手援助他人。他没太多心机，只讲他认为"对"的话，但没那么在意对方是不是想听。

　　他好路见不平，但不太能分清亲疏远近。他喜欢用肢体轻微地碰触别人，但自己浑然不觉。他聪明、说话速度快，一不小心就打断了他人的话。他爱开玩笑但不懂得分寸，喜欢引人注意但不懂得拿捏火候。

　　他是我心目中的天使，却可能被同学视为恶魔。

　　他的父母为他伤透脑筋，老师关心他，但也无能为力，他自己也解不开这个僵局。我曾经劝他低调，或许那是一条明哲保身的道路。但没过多久，我就感受到自己的愚昧，他对助人、亲近人的渴望，是他多年来不曾熄灭的火花。

他曾经主动交了一个朋友，这个朋友的状况比他更糟，他到处跟人介绍他这个好朋友，参加活动时也很乐于协助好朋友进入状态。他最大的梦想，就是能帮助更多的人。现在的孩子能有这种梦想，而且亲身实践，真的非常难得。

我常想，这真是非常奇怪的现象。这样好的孩子，霸凌竟然跟他如影随形。

妈妈曾经到学校跟同学沟通："我们×××有让你们不满意的地方，可以讲出来，我们想办法改，但请不要一直这样排斥他！"

跟孩子们相处久了，慢慢就能区分，孩子的哪些特质会对人际关系相当不利。这没有对错，就是现状如此。

我很难想象，这个孩子是怎么撑到现在的。爸爸妈妈固然爱他，但他每天在学校承受谩骂、排挤、欺负以及孤单、寂寞，没有人能够代替他面对这些。

到目前为止，他依然很愿意到学校，这跟许多被霸凌的孩子不同。他还是抱着一线希望，希望能交到朋友。他依然努力于学业，并且勤于运动，期待将来有能力完成帮助他人的梦想。

我常常看到被霸凌的孩子们，心里有不少无奈。我相信"没有人一生下来，就应该被伤害"，我也很珍惜一个人身上所具有的良善品质，但为什么会有孩子拥有这么好的特质，还要被如此对待？

我常说我从孩子身上学到了东西，这不是空话。我从这个孩子身上看到这么强大的力量，即便逆境不断，但是他的努力也不断。我感受到的挫折，恐怕不及孩子的万一，他没放弃，我更没有理由喊暂停。

执着地做心理工作，常会见到许多死胡同。有时特质难改，有时环境使然，有时时机仍未成熟……我常要面对我能力所不及的局面。不过，只要我愿意睁开眼，我就会看到孩子们正用他们独特的生命力鼓舞着我。

孩子是我们的希望，是国家的未来。我们对孩子好，孩子将来才会知道怎么对我们好。

亲情与友情的拔河

> 与其在孩子面前批评他的朋友，不如主动了解孩子的朋友，这会带动孩子与他的朋友多交往，增加孩子的判断力。

青少年阶段，有时会出现"朋友"比"父母"还重要的现象。我曾看到一则新闻，讲述五位少男少女离家出走的事情。对这件事，我主要从亲情与友情（或爱情）的角度来看。

根据我的经验，孩子能离家数天，跟家里断绝联络，那恐怕平时家人间就疏于讲彼此的心里话，才会走到这样的地步。

然而，父母与子女的沟通问题，并不能全然归咎于子女进入了青春期。通常在这之前家长与子女的互动就不佳，父母权威凌驾于孩子的自由意志之上，孩子只能顺从。

多跟孩子谈心情，而不只是讲事情。特别是那些认为自己不被了解的青少年，如果父母没用理解与诚恳的态度，来与他们相处，那么孩子寻求来自同伴的温暖的渴望，就会更为强烈。

一味处罚难以奏效，旧事不断重提更是关系杀手。父母首先要面对自己，然后才能面对孩子。

如果父母有错，该道歉则道歉，就像我们常期待孩子勇于承担一样。然后，去聆听孩子对升学的无奈、对爱情与性的好奇、对未来的困惑……

此外，与其在孩子面前批评他的朋友，不如主动了解孩子的朋友，这会带动孩子与他的朋友多交往，能增加孩子的判断力。父母对孩子的朋友付出关心，甚至与之保持联络，那么，当自己的孩子遇到困难时，孩子的朋友常能给予意想不到的帮助。

　　滴水不漏地监控，任谁都会反感；自然地融入孩子的生活，主动研究年轻人的兴趣所在，将有更大帮助。

请大人负起自己的情绪责任

常常是大人之间难以厘清的情绪，让孩子们无所适从。

从家长赶孩子在高速公路下车，老师拉断孩子的手与不当体罚，到奶粉掺盐让婴孩致死的新闻，我不断感受到——大人的情绪，却让孩子承担。常常是大人之间难以厘清的情绪，让孩子无所适从。孩子的思考，有时天马行空，有时只是幻想，有时却真实到让我都不知道该如何面对。

譬如，有一位男孩，其父母离异，各自都有了新的伴侣。这个男孩虽跟爸爸住，但爸爸与女友关系紧密，加上爸爸可能不知如何跟男孩维系感情，而妈妈也有另一个家庭，这让男孩非常迷茫，找不到自己的家究竟在哪里。

跟他谈话，那种空气中的闷，那种淡淡显露却异常强烈的无力感，让人想哭。他心里的家，早就破碎瓦解。我祈求上天给他坚强的力量，让他自己日后一点一滴地重建内心的家园。

最近有几个孩子，在学校过得不好，压力大到神情恍惚，不断念叨或哭泣着想伤害自己。我有时候也会感觉到，如果我不够坚强，就连自己都要陷入那不见天日的谷底泥沼。

有那么一瞬间，真的会看不到未来，真的会看不见阳光啊！那接下来会发生的种种遗憾，也不难理解了。

孩子是弱势群体，实际拥有的物质与心理资源较少，当处境艰难的时候，他们常无力抵抗，只能承受。有些年轻人被逼着要用刺猬式的武装来争取更多资源，或者无效地表达自己的愤怒与不满，因为不知道如何拿捏分寸，反而让身边的人难受，让自己陷入更不被谅解的漩涡里。

当我跟网络成瘾的孩子或年轻人一起工作时，我常有一些感慨。我们大人，让孩子在电子产品的陪伴下长大，同时，我们又疏于管制孩子上网的时间……最后，当孩子们离不开网络、手机、电动游戏了，我们却怪罪孩子们，怪他们没有自制力，怪他们没好好承担自己的责任，怪他们不能体谅父母的心情。

大人为了自己的私欲，牺牲了下一代，然后又让不懂得为自己辩白的孩子承担责任。

当着孩子的面，老师数落家长，家长抱怨老师，这是我在职业生涯中偶尔会遇到的状况。如果孩子能有足够成熟的心理来面对，我没办法说什么。但是如果孩子因此产生了让大家都困扰的情绪与行为，那么大人们就该想想了。

我在意孩子们的心理健康，也盼望大人们负起自己该负的情绪责任。

父母们的集体焦虑：孩子怎么都教不好

待人处事的道理，父母教不完，孩子学不尽。

一位自闭症男子玩计算器，无意中碰触旁人，发生争吵后脱掉上衣，被认为有伤人嫌疑，带往警局。

我看到这则新闻，马上"对号入座"，跟他妈妈一样，除了为孩子感到心疼，也觉得大家因为这个事件惊恐到这种程度，有点小题大做了！不过，我倒很欣赏孩子妈妈的勇气，还有她的正面态度，让我这阵子因为孩子们被乱贴标签的不快情绪，获得了一些纾解。

孩子妈妈出来解释，她不怪谁，只希望大家借着这次乌龙事件，了解自闭症患者，别再污名化他们。为了孩子，她不断学习，四十岁时上特教师资班，现为小学特教老师，博士论文写的是《永不放弃希望：一位自闭症者母亲之生命述说》，说的就是自己和孩子的故事。

这样的付出，这样的母爱，这样遭遇挫折、困顿而微笑面对的母亲，我相信，不只感动我，也会感动到许多深入了解这起乌龙事件的一般民众。她以自身经历讲出自闭症家长的痛："也有人会质疑，你是老师，你自己的孩子都教不好……他是脑伤（自闭症），不是他愿意这个样子的……"

尤其"孩子教不好"这一句，让现在多少家长担惊受怕。"万一，我做错了什么……"

"养不教，父之过"，是华人社会里的经典名言。但是，一个人的养成，家庭、学校、社会都有责任。孩子父母该负多少责任，大家争论不休，但是如果全盘怪罪父母，就让这个社会少了反省的机会。

经过这次创伤，我们学到了什么？

可以讨论的方向很多，但有两则新闻给了我们一些指引。一名初中老师，偷考卷协助自己的孩子作弊；还有一名小学五年级男童，疑似因为功课的问题，赤裸坠楼，不治而亡。

当我帮助自闭症孩子的时候，最不舍的是，父母为了孩子的课业，为了孩子跟上学校的进度，挣扎着、努力着，甚至不惜多次发生亲子冲突，让家庭气氛大受影响，拼命让孩子在课业上、成绩上有一定的表现。他们也知道，学业不是全部，人生还有更重要的事，但是其他人不见得这么想。

当父母的，常常没有办法独自与社会主流价值相抵抗。

偷考卷让孩子得高分，对孩子有帮助吗？对成绩或许有帮助，但对孩子的人格反而造成了负面的影响。如果一个孩子连活着都没有兴趣了，就会有其他比课业更值得面对与讨论的问题出现。

说到底，父母代表的价值观，其实是整个社会的缩影。

我帮助自闭症的孩子学习跟他人相处，同时也恳请社会多花一点儿时间，来理解我们的孩子，不管孩子有没有自闭症。

　　在人际关系上，很难有人在跟所有人相处时都能顺心如意，这是我们一辈子的功课。我越是教导孩子们学习跟人互动，体会就越深刻。我们花毕生时间揣摩的，就是待人接物的道理，父母教不完，孩子学不尽。

　　往正面想，我们产生的恐慌，让我们直面了整个社会的困境。接下来，就是我们的选择了，我们是要选择积极面对与学习，还是持续切割与责备？

图书在版编目（CIP）数据

爱上不完美内在小孩 / 洪仲清著. —— 北京 : 华夏出版社有限公司，2021.3
ISBN 978-7-5222-0077-4

Ⅰ. ①爱… Ⅱ. ①洪… Ⅲ. ①心理学—通俗读物 Ⅳ. ①B84-49

中国版本图书馆CIP数据核字（2020）第253558号

北京市版权局著作权登记号：图字 01-2021-0305 号

爱上不完美内在小孩

著　　者	洪仲清	
策划编辑	陈　迪	
责任编辑	赵　楠	

出版发行	华夏出版社有限公司
经　　销	新华书店
印　　刷	三河市少明印务有限公司
装　　订	三河市少明印务有限公司
版　　次	2021年3月北京第1版　　2021年3月北京第1次印刷
开　　本	880×1230　1/32开
印　　张	7.625
字　　数	157千字
定　　价	49.00元

华夏出版社有限公司　网址:www.hxph.com.cn地址: 北京市东直门外香河园北里4号　邮编: 100028
若发现本版图书有印装质量问题，请与我社营销中心联系调换。电话：（010）64663331（转）